KB236541

혼자 밥 먹고 싶은 날엔

간단하게 만들고 근사하게 즐기는
혼밥
레시피

혼자 밥 먹고 싶은 날엔

정예솔 지음

살림

혼밥, 나를 위한 최고의 선물

어느 날 문득 혼밥에 빠지다

저는 기쁜 일이 있을 때 좋아하는 사람들과 저녁을 먹어요. 새로운 음식에 도전해볼 때도 있고, 좋아하는 식당에서 친구들을 기다릴 때도 있어요. 속상한 일이 있을 때는 동료들과 매운 걸 먹으러 가고요.

일 때문에 바깥에서 식사할 일이 많기도 하지만 맛집에 가는 건 저에게 큰 재미이기도 해요. 돌아보면 저는 늘 식사에서 기쁨과 위로를 얻어왔고요.

그런데, 이런 한 끼에는 공통점이 있어요. 모두 '바깥에서 먹는다'는 거예요.

먹는 걸 아무리 좋아하더라도 집에서까지 음식에 대단한 애착을 보이기는 어려운 게 사실이에요. 저처럼 혼자 사는 사람이라면 식사를 직접 차려야 하는데, 자기 손맛에 대한 확신이 없는 이상 쉽게 도전하기 어렵잖아요. 준비하는 데 시간도 많이 들고요. 먹는 즐거움을 알고, 심지어 미식가라면 더더욱 외식을 하는 편이 더 경제적이라는 생각도 들어요.

이런 이유로 제가 "매일 한 끼를 혼자 먹기 위해서 요리한다"는 말을 할 때면 깜짝 놀라는 사람들을 만나게 돼요. 저는 요리와는 전혀 어울리지 않는 일을 하고 있거든요. 저는, 시간을 팔고 있어요.

눈에 보이지도 않고 손에 잡히지도 않는 시간을 도대체 어떻게 파느
냐고요? 맞아요. 하루가 25시간으로 늘어날 수는 없지요. 대신 나도
모르게 흘려보내는 자투리 시간을 찾아 하루가 좀 더 길어진 것처럼
느낄 수는 있답니다.

저는 "시간이 부족하다"고 말하는 사람들을 위해 이 조각난 시간을 찾
아주고, 좀 더 효율적으로 활용하는 방법을 연구하는 일을 해요. 내가
오늘 하루 어떤 활동에 얼마만큼의 시간을 썼는지 파악하고, 더 적은
시간 안에 좀 더 많은 일을 하는 데 활용할 수 있을 만한 기술을 고민
해요.

그래서 "저는 밥을 집에서 직접 해 먹어요"라고 말하면, 저를 처음 보
는 사람들은 모두 놀랄 수밖에요. 효율이며 생산성 같은 단어들을 입
에 달고 사니까 밥 먹는 시간도 아까워할 것 같다고 생각하는 게 당연
해요. 어떻게 혼자 살면서 밥을 해 먹을 수 있느냐는 질문도 받고요.

저도 분명 집밥이 번거롭기만 한 시기가 있었어요. 특히 바쁠 때는 이
틀 내내 물만 마시며 굶기도 했고요. 하지만 결국 지금처럼 프라이팬
을 잡고 매일 한 끼라도 집밥을 해 먹게 된 건, 집밥은 나를 대하는 가
장 기본적인 태도라는 생각이 들었기 때문이에요. 바쁘다고, 혹은 혼
자라서 대충 끼니를 때우다보면 자연스럽게 몸이 망가질 수밖에 없으
니까요.

혼자 밥 먹고 싶은 날, 집에서 즐기는 방법

잘 살기 위해서 꿈을 좇고 일을 하는 건데, 정작 제대로 먹지 않으면 '잘' 살기도 전에 이미 사는 게 불가능하지 않을까요? 그래서 언제부턴가 저는 제 꿈을 이루고 좋아하는 일을 하며 살기 위해서라도 잘 먹어야겠다고 다짐하게 됐어요. 물론 매 끼니를 외식으로라도 건강하고 맛있게 챙겨 먹는 사람이라면 굳이 집밥에 관심을 두지 않아도 되겠지만요.

이제 하루 중 집밥을 준비하는 시간은 제게 단순한 한 끼를 넘어, 온전한 '나만의 시간'이자 지난 하루를 정리하는 일기 같습니다. 요리하고 완성된 음식을 맛보다보면 지난 하루 혹시 아쉬운 부분은 없었는지, 오늘 행복했던 순간은 언제였는지, 나 자신과 대화할 수 있는 여유가 생기거든요. 단계별로 재료를 준비하는 동안에는 온종일 복잡했던 머릿속이 갑자기 정리되기도 하고요. 때때로 속상한 날에는 온기로 마음을 채워주고, 종일 바빴던 날에는 기분 좋은 어깨 토닥임이 되어 내일을 준비할 수 있는 쉼이 되어주기도 해요.

이 시간이 있기 때문에 지치지 않고 매일을 보낼 수 있는 것 같아요. 나만의 시간을 위해서 평소에 좀 더 효율적으로 살고자 하는 걸지도 모르겠어요. 불필요한 활동과 동선을 줄일 수 있다면 그만큼 더 많은 시간을 나를 위해 보낼 수 있을 테니까요. 물론 조리 시간은 '효율적으로' 짧을수록 좋다고 생각하고요. 시간은 소중하니까요.

오직 나를 위해 준비한 집밥의 기쁨

『혼자 밥 먹고 싶은 날엔』은 나를 위해 준비하는 집밥의 기쁨을 조금 더 많은 사람들이 느낄 수 있으면 좋겠다는 마음을 담아 쓴 책입니다. 음식을 사랑하는 호식가로 한국에서 청소년기를 보내고 해외에서 유학생활을 하며, 그동안 저를 기쁘게 해줬던 음식에 대한 추억과 기억을 떠올리며 저만의 레시피를 엮었습니다.

이 책에서 소개하는 음식은 한 사람을 위한 레시피입니다. 간단하고 든든한 식사, 도시락, 다이어트 음식을 중심으로 구성했어요. 친구 둘 셋과 함께하고 싶은 날 기쁘게 나누어 먹을 나들이 음식과 손님맞이에 적합한 요리, 디저트도 신경 써서 담아보았고요.

혼자이니까 외롭고 혼자라서 대충 먹어도 된다는 생각 대신, 집밥이 하루를 시작하는 에너지이자 오늘 하루 수고한 나를 위한 위로가 되었으면 하는 바람을 담았습니다. 때로는 엄마처럼 때로는 셰프처럼 한 끼 식사를 차려볼 수 있는, 간단하지만 근사한 이야기를 담았습니다.

치열했던 오늘 하루를 『혼자 밥 먹고 싶은 날엔』의 맛있는 한 그릇과 함께 되돌아보면 어떨까요? 스쳐 지나간 행복의 순간들이 보이기 시작할 거예요.

혼자, 뚝딱 맛있게

때로
함께 즐겁게

자주 사용하는 도구와 재료

수비드 기계, 오븐, 전기 휘스크, 트러플, 샤프란……. 당연히 있으면 좋겠지만 여느
가정집에서 쉽게 볼 수 있는 도구와 재료는 아니에요. 더군다나 자취생의 집에서는
더욱 볼 일이 없고요. 그래서 이 책에서는 저렴하고 손쉽게 구할 수 있는 재료 위주
로 레시피를 구성했어요. 그중에서도 제가 자주 사용하는 도구와 재료는 이번 장에
서 미리 소개해드릴 테니 눈여겨봐주세요.

도구

18cm~20cm 지름의 미니 프라이팬

따로 큰 프라이팬이나 주물팬, 냄비처럼 종류를 명시하지 않는 이상
저는 늘 18cm 혹은 20cm 지름의 미니 프라이팬을 사용해요. 작은 프
라이팬은 1인분 요리하기에 좋고 과식하지 않도록 도와준답니다.
큰 프라이팬은 코팅으로 유명한 T 브랜드 제품을, 미니 프라이팬은 천
냥 마트표 제품을 2~3개월에 한 번씩 교체해가며 사용해요.

감자 필러

필러는 감자나 당근 껍질 외에도 재료를 얇게 썰 때 유용해요. 마트에
서 2,000원이면 구할 수 있어요.

토치

오븐이 없거나 인덕션으로 요리하다보면 아무래도 향이 아쉬울 때가
있어요. 그럴 때는 가정용 토치로 음식을 그을려 불맛을 입혀주세요.
풍미가 살아난답니다. 마트에서 8,000원 정도면 튼튼한 토치를 구할
수 있어요. 야외로 놀러갈 때에도 유용하답니다.

재료

다시마물

저는 육수를 낼 때 어머니가 만들어 보내주는 해조류 가루를 즐겨 사용해요. 하지만 이번에 레시피를 엮으면서 직접 만들어보니 꽤 번거롭더라고요. 그래서 감칠맛이 필요한 육수에 다시마물을 사용했어요. 하지만 매번 물을 끓여 다시마물을 뽑아야 한다면 아무래도 번거롭겠죠. 그래서 저는 늘 기다란 밀폐용기에 물 5컵(1L)과 손바닥만 한 다시마 3장을 넣고 냉장실에 둔답니다. 보통 다시마는 차가운 물에 3시간 이상 두면 우러나기 시작하기 때문에 평상시에 냉장실에 두어 필요한 양만큼 덜어 쓰고, 그만큼 물을 채워 넣으면 돼요. 편리하지요? 다시마가 흐물흐물해지거나 더 이상 색이 우러나지 않으면 새로운 다시마로 교체해주면 된답니다.

고추기름

고추기름은 매콤한 향을 더하거나 느끼하고 단조로운 맛을 잡을 때 자주 사용하는 양념이에요. 밋밋한 볶음밥이나 국물에 1스푼 넣어도 맛있고, 달걀프라이에 살짝 뿌려도 그 풍미가 일품이지요. 쓰임새가 워낙 다양하기 때문에 준비해두면 편하고 맛있게 요리할 수 있어요.

MAKE 1

1. 전자레인지용 컵에 고춧가루 1스푼, 다진 파 1스푼, 식용유 0.3컵을 넣고
2. 30초-30초-20초 순서로 데워서
3. 채에 걸러요.

MAKE 2

1. 프라이팬에서 식용유 0.5컵을 달군 후
2. 대파 흰 부분 반 뿌리와 고춧가루 1.5스푼을 넣고 중불에서 볶다가
3. 고춧가루 색이 까맣게 변하기 직전 고운 채나 커피용 여과지에 걸러요.

토마토 퓨레, 페이스트

토마토 퓨레와 페이스트는 제가 가장 즐겨 사용하는 재료 중 하나예요. 소량만으로도 감칠맛을 내주기 때문에 서양식 국물 요리에는 빠지지 않고 등장하는 양념 재료이지요.
마트에서 쉽게 볼 수 있는 토마토 스파게티소스를 대신 사용해도 된답니다. 대신, 마늘이나 고기 등 다른 재료나 맛이 첨가되지 않은 오리지널 버전을 골라주세요.

휘핑크림, 생크림

생크림은 소스의 농도를 잡고, 고소함과 풍성함을 주는 재료예요. 생크림 대신 우유를 사용할 때는 버터를 0.5스푼 정도 넣으면 고소함이 더해져요.

버터

풍미가 다르긴 하지만 어지간한 요리에서는 식용유로 대체할 수 있어요. 하지만 디저트나 반죽에 들어가는 버터만큼은 대체 불가해요.

굴소스

중식 소스의 대표 주자인 굴소스는 의외로 양식에서 자주 사용돼요. 짭조름하면서도 깊은 맛을 내기 때문에 간장과는 다른 매력을 지녔지요. 우리 레시피에 단골 출연하는 소스이니 꼭 준비해두세요.

올리브유

이탈리아 사람을 쥐어짜면 몸에서 올리브유가 나오지 않을까 싶을 정도로 이탈리아 음식과 올리브유는 떼려야 뗄 수 없는 사이예요.

굽고 볶는 요리에야 다른 식용유를 사용하면 되지만, 소스로 사용하는 엑스트라 버진 올리브유만큼은 대적할 기름이 없지 않을까 싶어요. 기름 안에 소금만 넣어도 맛있다는 올리브유. 샐러드 드레싱으로 추천해요.

치즈

레시피에서 파르미지아노 레지아노라는 치즈를 자주 보게 될 거예요. 우리가 흔히 '파마산'이라고 부르는 치즈입니다. 요리에 고소함과 짠맛을 더하며 전체적인 통일감을 주는 역할을 해요. 그라파다노 치즈나 파마산 치즈가루로 대신할 수 있어요.

치킨스톡

양식의 치트키라고 불릴 정도로 많이 사용되는 치킨스톡은 장시간 닭을 우려낸 육수를 뜻해요. 식당에서야 직접 치킨스톡을 만든다지만, 집에서는 번거롭기 때문에 작은 고체 큐브나 가루 형태의 치킨스톡을 사용할 때가 많아요. 마트에서 2,000원 정도면 구매 가능해요.

파프리카 파우더

파프리카 파우더는 고운 고춧가루로 대신할 수 있지만, 그 특유의 훈제 향과 색감 때문에 유럽풍 음식 레시피에서 자주 볼 거예요. 만약 향이나 음식 담음새를 중요시한다면 추천해요.

계량 기준

요리의 기본은 계량! 아무리 신선한 재료를 사용해도 정확한 계량 없이는 맛있는 요리가 될 수 없지요. 하지만 70그램, 120밀리미터, 3티스푼, 5테이블스푼……. 번거롭죠?
그래서 우리는 밥숟가락과 종이컵을 사용할 거예요. 우리 부엌에 늘 있는 이 둘만 있으면 저울 없이도 한눈에 계량할 수 있답니다. 이제 손쉬운 계량으로 맛있는 집밥을 만들어보아요.

컵

가루나 액체를 계량할 때 사용해요. 한 컵의 기준은 종이컵에 넘치지 않게 담아요.

스푼

가루, 장, 액체, 그리고 다진 재료를 계량할 때 사용해요. 가루, 장, 액체는 수북하게 뜨고, 다진 재료는 편편하게 담아요.

꼬집

소금, 후추 등 가루 양념으로 간을 하거나 향을 살짝 입힐 때 사용해요. 엄지와 검지가 자연스럽게 맞물릴 때 딸려오는 양이에요.

RECIPE
FOR
SINGLE LIFE

혼자,
뚝딱 맛있게

TITLE : 나를 위한 아침
1

홍차 토스트

홍대 근처를 지날 때면 꼭 들르는 빵집이 있어요. 일본인 파티시에가 운영하는 곳인데, 늘 손님들로 북적거려 금방 빵이 동이 나고는 한답니다.

퇴근길에 가보면 남아 있는 빵이 거의 없는 날이 많았어요. 몇 없는 빵 중에서 바게트 하나를 집어 들며 내심 아쉬웠지요. 아무래도 바게트는 맛있어봤자 바게트니까요. 그래도 막상 뜨끈한 바게트 봉투를 품에 안으니 기분은 좋았지만요.

빵집을 나서며 한 꼬집 두 꼬집 뜯어먹는데, 역시 갓 구운 바게트는 담백함이 일품이구나 싶더라고요. 하지만 혼밥 생활자인 저에게는 바게트 하나도 양이 많다보니 금방 물리고, 빵이 빨리 굳어버려서 끝까지 맛있게 먹기는 힘들었어요.

그래서 소개해요. 바게트를 끝까지 맛있게 먹을 수 있는 홍차 토스트. 이 홍차 토스트는 시카고에서 지낸 여섯 달 동안 토요일마다 들렀던 오렌지라는 카페의 메뉴이기도 해요. 그곳에서는 차이티 프렌치 토스트라고 했어요. 그걸 간소화해보았습니다.

카페 오렌지는 오렌지 향을 더한 커피나 갖은 브런치 메뉴로 유명해진 곳인데, 여러 메뉴 중에서도 특히 차이티 프렌치 토스트와 오렌지 향을 더한 커피가 유명했답니다. 토요일 오전 열한 시쯤 카페로 걸어 나가면 보통 한 블록 이상 긴 줄이 드리워져 있어서 늘 이름을 남기고 카페 주변을 배회하고는 했어요. 기다림 끝에 테이블에 앉으면 그때부터 음식이 나오기까지 또 다시 긴 기다림이 시작되고는 했죠.

기다림에 한창 골이 나 있을 쯤, 눈앞에 음식이 담긴 접시가 놓이면 그 향긋한 냄새에 언제 그랬냐는 듯 서운함이 가셨어요. 상큼한 오렌지 향이 도는 차이티 소스에 리코타 치즈를 넣은 두툼한 브리오슈 빵을 담근, 눅진하고 달콤한 토스트 한입이면 기다리길 잘했다는 생각이 절로 들었답니다.

이제 알려드릴 홍차 토스트의 레시피는 카페 오렌지 메뉴만큼 복잡하지는 않아요. 하지만 그 풍미를 고스란히 담은 기분 좋은 한 접시예요. 스프처럼 고소하고 진득한 홍차소스에 흠뻑 젖은 바게트 토스트를 입에 넣으면 촉촉하면서도 고소한 바게트의 맛이 묵직하게 다가오지요. 그리고 그 고소함이 지나갈 즈음 꿀의 달콤함이 그 끝을 흩날리듯 마무리해준답니다.

주말의 아늑함을 떠나보내고 싶지 않은 월요일 아침이 있죠? 어제의 피곤함이 가시지 않은 그런 날 말이에요. 그런 아침에는 홍차 토스트를 만들어보세요. 기분 좋게 하루를 시작할 수 있도록 홍차 토스트가 그 시작 버튼을 달콤하게 눌러줄 거랍니다.

READY	바게트 손가락 두 마디 두께 3장, 달걀 1개, 버터 1스푼, 꿀 1스푼, 시나몬가루 1꼬집(생략 가능) **소스 재료** 홍차 티백 1개, 생크림 1.5컵, 우유 0.5컵, 설탕 2.5스푼
MAKE IT	1. 냄비에 생크림, 설탕, 홍차 티백을 넣어 중불에서 절반으로 졸이고 2. 달걀을 풀어 홍차 생크림 3스푼을 식혀 넣고 3. 바게트 각 면을 2에 4초씩 적셔 4. 버터를 바른 프라이팬에서 노릇하게 굽고 5. 깊은 접시에 과정 1의 소스 – 토스트 – 꿀 – 시나몬가루 순서로 담으면 끝.
TIPS	❖ 꿀 대신 설탕 2스푼과 얇게 저민 사과 0.2개, 시나몬가루 한 꼬집을 넣어요. 갈색으로 변할 때까지 함께 구워 곁들이면 맛도, 모양도 더 좋아져요. ❖ 레몬즙을 살짝 뿌리거나 파슬리가루, 애플 민트 잎을 얹어도 색감과 향이 더 풍부해져요. ❖ 바게트 대신 식빵을 사용할 때는 달걀물에 스치듯 적셔 구워요.

돼지고기 새우 된장국

열여덟 살이 된 해의 첫 번째 달. 저는 그때 태어나서 처음으로 요리를 해봤어요. 유학을 시작하며 스스로 주말 끼니를 챙기기 위해서였죠. 그 전까지는 음식 솜씨 좋은 어머니 덕분에 한 해에 달걀프라이 한 번 겨우 하는 정도였고요. 낯선 땅에 가서야 스스로 생존하는 방법을 찾아야 했어요.

처음 온 나라에 처음 보는 음식들이 잔뜩 있으니 당연히 자주 외식을 하고 싶었지만, 일 년 치 생활비를 한번에 받아왔기 때문에 혹시라도 나중에 돈이 부족할까 싶어 결국 직접 부엌칼을 집어 들었지요.

가장 처음 만든 한식은 된장찌개였어요. 유학을 시작한 후부터 시원한 국물에 애호박이며 두부, 갖은 해산물이 잔뜩 들어간 어머니표 된장찌개가 늘 그리웠거든요. 그런데 어머니가 해주는 된장찌개 속 그 몇 안 되는 재료들은, 슬프게도 플로리다 식료품점에서는 쉽게 찾을 수 없거나 비쌌어요.

결국 홈스테이 집 냉장고를 뒤지고 뒤져 얼추 비슷해 보이거나 비싸 보이는 재료를 죄다 넣었어요. 성공했냐고요? 아뇨. 기름을 들이부었나 싶을 정도로 느끼했어요. 차돌박이에 삼겹살, 칵테일 새우, 홍합, 치커리 등 묵직한 재료들을 한번에 다 넣고 그냥 된장을 풀어 끓였거든요. 느끼할 수밖에요. 게다가 물은 또 어찌나 많이 부었던지. 그 많은 건더기가 보이지 않을 정도였어요.

그렇게 이름만 된장찌개였던 충격적인 첫 요리의 맛 때문인지, 그 뒤로는 저도 모르게 된장국이나 찌개를 잘 만들지 않게 되더라고요. 사실 지금까지도 딱히 즐겨 만들지는 않아요.

그러다가 얼마 전 미국 출장 때문에 냉장고를 비워야 해서 있는 재료를 몽땅 털어 된장국을 끓였어요. 그런데 이번 된장국은 너무 맛있는 거예요! 평소랑 다른 거라고는 찌개용 돼지고기와 해물파전용 알새우를 같이 넣었다는 것뿐인데! 별다른 생각 없이 갖은 재료를 털어 넣어 만든 이 된장국이 어찌나 맛있던지 밥을 두 공기나 먹었답니다.

태어나서 처음으로 도전한 요리는 된장찌개였어요.

유학 생활을 하면서 늘 엄마의 된장찌개가 그리웠거든요.

이 마법 같은 된장국의 이름은 돼지고기 새우 된장국이에요. 건더기 듬뿍 한 숟가락 떠 입에 넣으면 슴슴한 된장 향이 돼지고기의 느끼함을 감싸고, 새우의 감칠맛과 양파, 애호박의 달큰함이 어우러져 밤새 잠들었던 뱃속을 깨워주는 것만 같답니다. 전체적인 간이나 된장 향이 강하지 않아 밥 없이도 묽은 스프처럼 부드럽게 들이킬 수 있지요. 특히 저처럼 평소 된장찌개나 국에 큰 감흥이 없었던 분들께 꼭 권하고 싶은 국물 한 그릇이 될 거예요. 된장국도 이렇게 깔끔하고 달콤한 맛을 낼 수 있구나 싶어 깜짝 놀랄 거고요.

이 돼지고기 새우 된장국은 풋내기 느낌 가득했던 소년이 어느새 장성해서 멋진 사내로 나타난 듯한 느낌을 줘요. 장시간 푹 끓인 육수처럼 깊고 진한 풍미를 느껴보세요. 끝없이 들이키게 되는 마성의 국물을 만날 수 있을 거예요!

READY

국거리용 돼지고기 0.5컵, 알새우 0.5컵, 양파 0.3개, 애호박 손가락 2마디, 대파 흰 부분 1뿌리, 청양고추 0.5개, 다진 마늘 0.5스푼, 된장 0.3스푼, 고춧가루 0.5스푼, 간장 0.3스푼, 물 3.5컵, 소금 0.25스푼

MAKE IT

1. 양파, 대파는 한입 크기로 썰어
2. 기름을 두른 냄비에서 볶다가
3. 향이 나기 시작하면 돼지고기와 고춧가루를 더해 볶은 뒤
4. 돼지고기에서 핏기가 사라지면 물을 넣고 끓여가며 거품을 떠내고
5. 된장, 간장, 다진 마늘을 풀어 넣고
6. 알새우, 애호박, 청양고추를 넣어 한소끔 끓이다가 소금 간을 하면 끝.

TIPS

❖ 국은 그릇 중앙에 건더기를 먼저 담고, 그 주위 빈 공간에 국물을 빙 둘러주듯 담으면 더 먹음직스러워요.

❖ 돼지고기를 볶지 않고 바로 물에 넣어 끓이게 되면 핏물과 기름이 흘러나와 국물이 텁텁하고 느끼해져요.

❖ 쌀뜨물을 사용하면 구수한 맛이 강해져서 된장의 짠맛을 한결 균형감 있게 잡아줘요.

아보카도 오믈렛

바쁜 시기가 끝나고 잠깐 틈이 생기면 거울을 자주 보게 돼요. 얼마 전까지는 없던 팔자주름도 옅게 보이고 눈가에도 기미가 슬금슬금 올라오는 게 자꾸 신경 쓰여서 애꿎은 거울을 붙잡고 있고요.

나이를 먹어가는 건 그 누구도 피할 수 없겠지만, 그렇다고 해서 오늘의 젊음을 붙잡고 싶지 않다면 거짓말이겠지요. 그래서 요즘은 견과류와 연어, 아보카도를 꾸준히 챙겨먹으려고 노력하고 있어요. 맛도 맛이지만, 하루 반 개의 아보카도와 한 줌의 견과류가 노화를 막아준다고 하더라고요. 게다가 아보카도가 워낙 저렴해져서 자주 먹어도 가격 부담이 덜하고요. 물론 이 한 끼 바짝 챙겨 먹는다고 뭐가 크게 달라질까 싶긴 하지만, 그래도 아무것도 하지 않는 것보다는 나를 위해 하나씩 해나가는 게 중요한 것 아니겠어요?

아보카도를 처음 먹었던 건 고등학교 시절 플로리다에서였어요. 플로리다로 건너간 직후 반 년 정도 한인 홈스테이를 했어요. 그 집에서는 가끔 캘리포니아 롤이라는 별식이 나왔어요.

이 캘리포니아 롤은 우리가 아는 누드 김밥 형태가 아니라 일식집에서 식사 후에 내주는 고깔 모양의 데마끼와 비슷했는데, 구절판처럼 손바닥만 한 김에 맛살, 달걀지단, 날치알, 아보카도, 밥 등 여러 가지 재료를 넣어 와사비를 푼 간장 양념에 찍어 먹는 거였지요.

한입 베어 물면 김밥처럼 속재료의 맛이 풍성하게 느껴졌는데, 그중에서도 아보카도의 눅진한 식감과 특유의 맛이 간장과 참 잘 어울렸던 기억이 나요. 그 덕분에 '아보카도는 맛있는 음식'이라고 머릿속에 제대로 각인되었고요. 지금까지도 아보카도는 즐겨 찾는 재료 중 하나예요. 무심하게 반으로 갈라서 소금이나 간장을 살짝 뿌려 퍼먹으면 풍부한 향과 신선한 맛이 입안 가득 퍼진답니다.

하지만 이렇게 좋아하는 아보카도라도 아주 가끔 그 특유의 풋내가 거슬릴 때가 있어요. 아보카도 오믈렛은 아보카도를 생으로 먹기 부담스러울 때 하는 식사예요. 아보카도의 느끼함에 균형이 더해지도록 달걀과 새우처럼 풍미가 강한 재료를 함께 곁들이는 거죠. 거창해 보이지만 달걀만 풀어 구운 오믈렛 위에 아보카도를 저며 얹고 그 위에 구운 새우와 마늘을 얹은 게 전부인 간단한 요리랍니다. 프라이팬 하나로 완성할 수 있다는 점도 매력적이고요.

포크를 대면 스르르 잘리는 아보카도 오믈렛에 접시 바닥에 깔린 소스를 흥건히 묻혀 입에 넣는 상상을 해볼까요? 소스의 짭짤함과 오믈렛의 고소함, 그리고 아보카도의 눅진함이 한데 어우러져요. 그때 새우를 조각내어 마늘과 함께 입에 넣으면 마늘의 바삭함과 새우의 달콤한 맛이 오믈렛의 풍미를 더해 준답니다. 특히 마늘이 아보카도의 느끼함을 잡아주기 때문에 아보카도 특유의 향과 맛을 싫어하는 사람도 거슬림 없이 든든히 즐길 수 있어요.

젊음의 과일이라고 불리지만 그 향 때문에 호불호가 강한 과일 아보카도. 하지만 우리 건강과 젊음을 위해서라면 제때 챙겨 먹는 게 좋겠지요. 아직 아보카도가 낯설거나 그 새로운 매력이 궁금할 때는 아보카도 오믈렛을 만들어보세요. 아보카도와 조금 더 쉽게 친해질 수 있을 거예요.

비쁜 시간을 보내고 나면
거울 속의 나를 잘 챙겨주고 싶어져요.
그럴 때 아보카도를 냉장고에서 꺼내봅니다.

READY

달걀 3개, 아보카도 0.5개, 새우 1마리, 마늘 2개, 식용유 1스푼, 버터 0.5스푼, 소금, 후추

소스 재료 생크림 3스푼 또는 우유 4스푼, 굴소스 0.5스푼

MAKE IT

1. 달걀, 소금, 후추를 잘 풀어서
2. 식용유와 버터 0.5스푼씩 넣어 코팅한 프라이팬에 넣고
3. 약불로 8초간 익힌 뒤
4. 나무젓가락으로 바닥에 원을 그리듯 달걀이 흐르지 않을 때까지만 휘젓다가
5. 달걀을 바깥쪽으로 한 번 접어서 프라이팬 한쪽으로 기울여 모양을 잡고,
6. 완성된 오믈렛은 접시에 옮겨 담은 뒤
7. 새우 꼬리에 있는 물총을 제거하고, 아보카도는 원하는 모양으로, 마늘은 편 썰어서
8. 오믈렛을 구웠던 팬에 식용유 0.5스푼을 둘러 마늘과 새우를 굽고
9. 구운 마늘과 새우를 접시에 옮겨두고
10. 프라이팬에 생크림과 굴소스를 넣고 되직해질 때까지만 끓여서
11. 접시에 소스 – 오믈렛 – 아보카도 – 새우 – 마늘 순서로 얹으면 끝.

TIPS

❖ 방울토마토 피클이나 바질 잎을 곁들이면 그 풍미가 두 배! 다른 피클과도 잘 어울려요.

❖ 죽은 입맛도 회생시키는 초간단 방울토마토 피클 만드는 법은 62쪽을 참고하세요!

필드 씨네 샐러드

저는 고등학교 시절을 플로리다에서 보냈어요. 따사로운 햇살과 향긋한 오렌지 내음 때문이었을까요. 그곳에서의 생활은 마냥 행복하게만 기억에 남았어요. 포근한 날씨만큼이나 다정다감했던 사람들. 그리고 그들과 함께 채워나갔던 사 년 남짓의 시간은 그 배의 시간이 지난 지금까지도 가슴 한 켠에 선명히 남아 있답니다.

그곳에서 만난 인연 중에서 이 년 간 가족으로 함께했던 데이비드와 그의 부인 발브는 제게 선물 같은 사람들이에요. 데이비드는 엄격하지만 학생들에게 존경받는 고등학교 수학 선생님이에요. 대학교 풋볼 선수 시절부터 지금까지도 매일 웨이트 트레이닝을 병행하며 고등학교 풋볼 코치로 활약할 정도로 부지런한 사람이고요. 발브는 특유의 사랑스러운 미소가 돋보이는 고등학교 역사 선생님이었어요. 다정다감한 엄마 이미지에 꼭 어울리는 여자였답니다.

데이비드와 발브는 빈틈없이 서로를 채워주는, 가득 찬 동그라미 같은 커플이었어요. 분명 서로 성향이 다른데도 늘 함께

여러 메뉴 중에서도 특히 필드 씨네 샐러드는
저녁마다 빠지지 않고 등장했던 데이비드 표
특제 아보카도 샐러드예요.

하는 것을 좋아했지요. 아침 일곱 시 채점 거리와 모닝커피로 하루를 함께 시작해서 저녁 열 시가 되면 와인 한 잔을 곁들이 며 TV로 풋볼 경기를 보고, 하루를 함께 마무리하는 부부의 하 루는 저의 눈에 행복 그 자체였습니다.

그중에서도 온 가족이 함께하는 저녁 시간은 그야말로 번잡 스러우면서도 가장 즐거운 시간이었어요. 귀가하는 족족 누가 먼저라고 할 것도 없이 각자 하나둘씩 부엌으로 모여 다함께 저녁 요리를 준비했지요.

여러 메뉴 중에서도 특히 필드 씨네 샐러드는 저녁마다 빠지 지 않고 등장했던 데이비드 표 특제 아보카도 샐러드예요. 잘 익은 토마토의 새콤한 감칠맛이 아보카도의 느끼함을 없애주 고, 대파의 매콤함이 우러난 발사믹소스가 여러 재료를 한데 품어 삼킬 즈음, 아몬드의 고소함과 오이의 아삭함이 입안을 정리해주지요.

평범한 재료로만 만들었는데도 그 맛이 얼마나 좋던지! 데이 비드의 샐러드는 제 인생 최고의 샐러드로 꼽힌답니다. 가끔 데이비드와 발브를 만나러 갈 때면 매 끼니 식탁에 저를 위한 샐러드가 꼭 자리하고 있어요. 물론 먹다 남은 샐러드도 다 제 차지이고요.

그래서 이번에는 제 청소년기의 추억이 담긴 데이비드 표 필드 씨네 샐러드를 소개하려고 해요. 사랑 넘치는 데이비드와 발브처럼 풍성하고 새콤달콤한 샐러드랍니다.

재료와 만드는 법이 간단하고 토마토와 아보카도가 들어가서 속 든든하게 아침 식사로 즐기기 좋아요. 데이비드처럼 저녁 식사에서 다른 음식과 함께 곁들여도 물론 좋고요.

홈스테이가 무엇인지도 모르면서 그저 학생을 돕겠다는 마음으로 흔쾌히 가족의 품을 열어줬던 데이비드와 발브의 따뜻함을 꼭 닮아 샐러드를 먹는 내내 자극적이지 않은 감칠맛이 계속 입안을 감돈답니다.

떠나온 지 어느덧 육 년이라는 세월이 흘렀지만, 아직도 제가 부모님처럼 믿고 따르는 두 은인의 필드 씨네 샐러드로 여러분의 식탁 가득 따스함이 전해지면 좋겠어요.

READY 아보카도 0.5개, 토마토 1개, 샐러드 믹스(치커리 2장, 양상추 2장, 적채 2장, 로메인 3장, 루꼴라 2장) 80g, 양파 0.3개, 아몬드 슬라이스 1.5스푼, 오이 0.3개, 파르미지아노 레지아노 또는 그라파다노 등 하드 계열 치즈
소스 재료 올리브유 5스푼, 발사믹 식초 5스푼, 대파 흰 부분 0.5뿌리

MAKE IT
1. 오이와 대파는 동그랗게, 양파는 세로로 얇게 채 썰고
2. 씨를 제거한 아보카도는 굵지 않게 세로로, 토마토도 세로로 6조각내고
3. 소스 재료는 한데 섞고
4. 큰 볼에 아몬드를 제외한 모든 재료를 넣어 소스에 버무리고
5. 접시에 옮긴 샐러드 위에 치즈와 아몬드 슬라이스를 뿌리면 끝.

TIPS
❖ 섞을 때 아보카도와 토마토가 뭉개지지 않도록 그릇 바닥을 긁어 올리듯 버무려요.
❖ 아보카도는 이렇게 손질해요. 세로로 칼을 꽂아 한 바퀴 돌린 뒤 칼집이 난 두 면을 서로 다른 방향으로 돌려요. 씨를 제거하려면 칼로 씨를 내려찍어 한쪽으로 돌려주면 쉽게 분리된답니다.
❖ 필드 씨네 샐러드는 약간 숨이 죽었을 때 더 맛있어요! 먹기 30분 전에 만들어두면 그 맛이 두 배!

어린잎 비빔밥

저는 식탐이 많아요. 먹고 싶은 건 가급적 꼭 먹는 편이라 오죽
하면 체중이 늘었다고 불평하는 제게 가족들이 "그렇게 먹고
더 안 찐 걸 감사해!"라고 핀잔을 줄 정도랍니다. 민망하지만
솔직히 매일 운동을 하는 이유도 몸매 걱정 없이 마음껏 먹기
위해서이고, 운동을 할 때 늘 음식 프로그램을 봐요.

게다가 요리를 시작하게 된 것도 결국 사 먹지 못한다면 만들
어 먹자는 생각 때문이었으니, 식탐이 어느 정도인지 짐작이
되지요?

하지만 이런 저도 아주 가끔씩 식욕이 없어지고는 한답니다.
배고프지 않고 딱히 먹고 싶은 것도 없는 상태인데, 그럴 때면
요리는 물론 밖에서 사 먹는 것조차 귀찮아지고는 해요.

특히나 생각이 많거나 업무량이 많을 때 유독 식욕이 없어져요.
이럴 때면 애꿎은 냉장고 문만 계속 여닫으며, 어떻게 하면 간
단하지만 맛있게 이 한 끼를 해치울 수 있을까 고민한답니다.

평소엔 식탐이 넘치지만 생각이 너무 많아지면
맛있는 음식도 잊게 될 때가 있지요?
그럴 때 간단하고 맛있는 한 그릇으로
비빔밥을 추천합니다.

어린잎 비빔밥은 입맛 없고 귀찮을 때 간단하고 맛있게 해 먹는 한 그릇이에요. 특히 반찬에 달걀 프라이 하나 턱 없는 것조차 귀찮은 날에 제격이지요.

말 그대로 어린잎 채소를 잘 씻어 밥 위에 얹고 새콤달콤한 양념 재료를 한데 섞어 밥과 채소 위에 잘 뿌려주면 마치 여름철 나무의 짙은 녹음이 느껴지듯 금세 입맛을 살려줘요. 혹시 어린잎이 없을 때는 새싹, 무순, 양상추, 매운기 뺀 양파, 파채처럼 아삭하고 맛이 강하지 않은 채소를 곁들여도 잘 어울린답니다.

꼬르륵, 밥 달라는 소리가 나도 아무것도 먹기 싫은 날에는 어린잎 비빔밥으로 잠든 입맛을 깨워보세요. 청량하고 새콤달콤한 비빔밥 한술에 잠시 영혼을 빼앗겼다가 "한 그릇 더!"를 외치는 나를 만날 수 있을지도 몰라요.

READY

밥 반 공기(150g), 어린잎 2/3 공기(50g)

소스 재료 간장 1.5스푼, 매실청 1스푼, 레몬즙 또는 사과식초 0.5스푼, 설탕 0.3스푼, 다진 대파 0.5스푼, 다진 마늘 0.3스푼, 참깨 약간, 참기름 0.3스푼

MAKE IT

1. 밥은 한 김 식혀두고
2. 어린잎은 채에 받쳐 물기를 제거한 뒤
3. 양념 재료를 모두 섞고
4. 밥 위에 어린잎을 소복하게 쌓아 올려서
5. 소스를 곁들이면 끝!

TIPS

❖ 어린잎은 물기를 꼭 꼼꼼하게 털어주세요. 물기가 남아 있으면 밥이 질어져요.

빌딩 숲에 갇힌 느낌으로 지내다보면

나무가 우거진 숲으로 가고 싶어질 때가 있어요.

당장 떠날 수 없을 때 저는

이 어린잎 비빔밥으로 자연을 벗한답니다!

"나만의 레시피를 기록해보세요,
오늘은 어떤 기분으로 이 요리를 만들었나요?"

건강하게 재료비 줄이기

요리가 즐거워서 하는 사람이 얼마나 될까요? 아마도 많지 않을 거예요. 대부분은 가족이 있거나 높은 물가에 식비라도 아끼자는 마음으로, 또는 건강과 다이어트를 위해 집밥에 눈을 돌릴 테죠.

하지만 혼자 살다보면 약속이다 회식이다 집에서 밥 먹을 시간이 없어져요. 그래서 썩히고 마는 재료들을 생각하면 밖에서 사 먹는 것보다 지출이 더 클 때도 있어요. 그래서 이번에는 효율적인 장보기부터 버리는 재료 없이 보관하는 방법 몇 가지를 소개할게요.

혼밥 생활자를 위한 장보기 요령

마트는 귀가 길에 가요   01

대형 마트는 저녁 7시부터 10시 30분 사이에 신선 제품을 할인하는 경우가 많답니다. 유통기한이 2~3일 정도 남은 야채, 과일, 해산물, 육고기, 유제품 등을 30~70퍼센트까지 저렴하게 판매해요. 그래서 저는 퇴근길에 할인하는 샐러드용 야채, 지방이 적은 육고기, 닭가슴살을 자주 사요. 단, 어패류, 다짐육, 유제품, 지방이 많은 돼지고기 부위, 과일 등은 유통기한이 남아 있어도 쉽게 상하거나 무르기 때문에 꼭 주의를 기울여야 해요.

무엇이 필요한지 메모해요   02

마트의 힘은 놀라워요. 분명 당근을 사러 갔는데, 돌아오는 길에 보면 당근 대신 쓸데없는 재료만 잔뜩 사오게 되거든요. 그래서 저는 필요한 재료나 물건이 생기면 무조건 휴대폰 메모장에 기록을 해요. 마트에 들어가자마자 사야 하는 재료부터 담고, 따로 살만한 게 있는지 살펴보면 충동구매가 줄어든답니다.

재료 꼬리 물기로 식단의 큰 그림을 그려요   03

생선과 육류를 살 때는 이걸 어떻게 먹을지에 대한 대략적인 계획이 잡히기 마련인데요. 그럼 그 재료와 메뉴를 중심으로 며칠간의 식단을 대략적으로 그려두는 게 좋아요.

예를 들어 햄버그스테이크용 쇠고기 다짐육을 샀으면(쇠고기 다짐육+) 남은 다짐육으로는 가지튀김을 해 먹고(가지 한 봉지+), 나머지 가지 하나로는 사흘 후쯤 가지 리소토를 해 먹는 방향으로 재료를 어떻게 소진할 건지에 대한 대략적인 계획을 잡아두는 거죠.

그 계획이 조금 어긋난다고 해도 버리는 재료가 현저히 줄고, 필요 이상으로 장을 보는 일도 없어진답니다.

큰 마트에서는 육류와 해산물을,
작은 마트와 시장에서는 과일과 야채류를   04

규모가 큰 마트는 아무래도 작은 마트보다 회전율이 좋기 때문에 육류와 해산물이 좀 더 싱싱할 확률이 높아요. 그리고 그만큼 진행하는 행사도 많아서 같은 제품이라도 좀 더 저렴하게 구매할 기회가 많지요.

대신 과일이나 야채는 금방 무르고 무겁기 때문에 필요한 만큼 동네에서 조금씩 사 먹는 게 더 이익이랍니다. 특히 과일은 마트보다 집 주변에 자주 가는 과일가게를 정해두세요 좀 더 맛있는 제품을 저렴하게 살 수 있어요.

온라인 마트와 앱을 활용해요   05

만약 직접 장을 보러 갈 수 없는 업무 패턴이라면 온라인 마트와 마트 앱을 사용해보세요. 내가 자주 구매하는 재료가 입력되어 있기 때문에 맞춤형 재료 추천이나 할인 쿠폰 서비스를 받을 수 있답니다.

둘째, 넷째 주 토요일 저녁 시간을 노려요   06

대형 마트는 매달 둘째, 넷째 주 일요일이 휴일이랍니다. 그래서 그 전날인 토요일에는 유통기한에 관계 없이 신선 제품을 거의 다 할인 판매해요. 이럴 때는 한 달 가까이 보관 가능한 육류, 문어, 새우를 미리 사두기 좋아요. 와규, 흑소 등 프리미엄 쇠고기부터 한우나 수입육까지 다양하게 판매하기 때문에 저는 한 달에 한 번 정도 불고기나 구이용 쇠고기를 2~3킬로그램씩 사두는 편이에요.

장보는 동선을 정해요   07

장보는 동선을 정해두면 시간을 좀 더 효율적으로 쓸 수 있어요. 과일 코너 – 해산물 – 유제품 – 계산대 식으로 평소 자주 사두는 재료 서너 가지를 중심으로 동선을 짜두세요. 그러면 그 밖에 필요한 게 있지 않은 이상 불필요하게 마트를 횡단하지 않는답니다. 필요한 목록 메모를 확인하는 것도 장보는 동선 순서대로 적어두면 더 편하겠지요?

작은 냉장고 효율적으로 관리하기

칸마다 용도를 정해요   01

냉장실과 냉동실에 육류, 어패류, 양념 등 종류별로 구역을 정해서 사용하면 냉장고에 어떤 재료가 남아 있는지 파악하기 쉬워요.

냉장실은 일주일에 한 번, 냉동실은 한 달에 한 번!   02

달걀, 치즈류, 다시마물, 음료처럼 장기간 조금씩 사용하는 재료를 제외하고는 일주일에 한 번씩 냉장실을 비우려고 해보세요. 잊었던 재료가 나타날지도 모른답니다.

냉동실도 마찬가지! 냉동실은 한 달에 한 번씩 정리를 하다보면 재료도 파악되고 장보기 계획에 도움이 되지요.

라벨을 사용해보세요   **03**

냉동실에 보관하는 재료, 혹시 포장 그대로 넣어두진 않나요? 그렇게 하면 그 재료를 사용할 때마다 전부 해동했다가 남은 걸 또 얼리게 되기 때문에 맛도 떨어지고 상하기도 쉬워요.

게다가 시장이나 정육점에서 사 온 재료는 따로 재료명이나 유통기한이 적혀 있지 않을 때가 많기 때문에 오랜 시간 냉동실에 얼어 있다가 화석이 되어버릴 때가 많아요.

냉동실에 넣을 재료는 꼭 소분해서 라벨을 붙이는 게 좋아요. 같은 재료는 빵 끈을 이용해서 비닐봉지 하나에 조금씩 소분해두면 찾기 편하답니다.

같은 종류끼리 같은 비닐에 넣어요   **04**

다시 한 번 냉동실 이야기예요. 칸마다 용도가 구분되어 있지만, 칸 안에서도 종류별로 구분이 되면 편하답니다. 예를 들면 이미 소분 포장되어 있는 쇠고기 불고깃감과 샤브샤브용 부채살, 스테이크용 등심, 장조림용 홍두깨살을 같은 비닐에 이중 포장하는 거죠. 이러면 재료를 찾을 때 편하고, 냉동실의 냉기를 덜 맞게 되기 때문에 수분 손실도 덜해요.

조개류는 해감 후, 국물용 야채는 손질 후 보관해요   **05**

바지락, 모시조개처럼 해감이 따로 필요한 어패류는 해감을 한 후에 냉동하는 게 좋아요. 구매 직후 바로 냉동하게 되면 나중에 사용할 때 해감하기 어려워 애를 먹는답니다.

청양고추와 파처럼 육수, 찌개용으로 사용할 야채는 용도별로 미리 잘라서 얼려두면 필요할 때마다 편하게 사용할 수 있어요. 단, 얼리기 전 꼭 물기를 제거해주세요.

TITLE: 나를 위한
점심 도시락

2

스프링롤

어릴 때는 늘 통통하다는 말을 들었어요. 분명 태어날 때는 평균 체중으로 태어났는데 초등학교에 들어가는 순간부터 날씬하지 않은 아이가 되었지요. 그렇다고 살이 확 찐 것도 아니라서 언제나 애매하게 평균과 과체중 언저리를 오갔어요.

한때는 이 살이 곧 키로 갈 거라 믿으며 하루에 3,000번씩 줄넘기도 해봤답니다. 그것도 무려 팔 년간이나! 오늘의 이 작은 키는 아마 과한 줄넘기의 부작용이지 않을까 하는 생각이 들어요. 키에 좋다는 음식부터 키 크는 약까지 갖은 노력을 했지만 슬프게도 애매하게 몸에 붙어 있던 살은 결국 키로 가지 않았어요. 중학교 3학년 때부터 스트레스 과다로 호르몬 불순이 생겨 그 부작용으로 고등학교 1학년 때 인생 최고 몸무게를 찍어보기도 했고요!

살이 한번에 빠지게 된 건 미국 생활을 시작하면서부터였어요. 학업 외 부가적인 스트레스가 줄면서 지난 이 년간 말썽을 부리던 호르몬 불순이 하루아침에 낫더니, 그러면서 한 달 만에 육 킬로그램이 쑥 빠지더라고요. 물론 매일 하굣길에 일부러 이십 분간 걸어온 것도 일부 도움이 되었으리라 믿고 있지만요. 그때부터는 몸에 변화가 생기는 것이 즐거워 매일 조금씩 근력 운동을 했어요. 음식도 가공식품보다는 신선식품을, 시판되는 빵이나 과자 대신 직접 베이킹을 하면서 요리 실력도 쑥쑥 늘었고요.

구 년이 지난 지금은 습관처럼 운동을 해요. 대신 식이요법은 크게 신경을 쓰지 않는답니다. 워낙 식탐이 많다보니 먹고 싶은 건 먹되 최대한 건강하게 먹겠다고 생각하며 살아요.

물론 사진 촬영이나 중요한 행사가 있을 때는 식단 조절을 하지만, 평상시에는 과식을 조심하고 음식 종류는 가리지 않아요. 과식을 한 뒤에는 사흘간 하루에 한 끼 정도 손두부나 아보카도, 삶은 달걀 등 가공되지 않은 음식으로 속을 달래요.

다이어트에 대한 부담이 생길 때는

가공식품 대신 신선식품으로 식사를 해결해요.

스프링 롤이 도와줄 거예요!

지금 소개해드릴 스프링 롤은 제가 중요한 행사를 앞두고 단기간 식단 조절이 필요할 때 즐겨 만드는 메뉴랍니다. 얇은 라이스페이퍼에 다양한 채소를 속재료로 넣으면 영양 균형도 좋고 포만감이 높아 과식을 막아줘요.

특히 스프링 롤의 속재료 조합은 다이어트 메뉴라기에 아까울 정도로 그 맛이 뛰어나답니다. 닭가슴살 특유의 비린내는 양상추의 쌉쌀함이 잡아주고, 게맛살과 사과가 은은한 단맛을 자아냈다가 오이의 아삭한 청량감이 맛을 마무리해주지요.

요즘 몸매 때문에 신경이 쓰인다고요? 맛있는 다이어트 식사가 필요하다면 스프링 롤을 꼭 만들어보세요. 간단하고 멋진 도시락 메뉴로도 제격이랍니다!

READY

닭가슴살 1쪽(100g), 라이스페이퍼 10장, 게맛살 4개, 오이 0.5개, 사과 0.3개, 양상추 4장

소스 재료 플레인 요거트 또는 마요네즈 3스푼, 생와사비 또는 디종 머스터드 0.5스푼, 식초 0.5스푼, 설탕 1.5스푼, 소금 1꼬집

MAKE IT

1. 닭가슴살은 반으로 갈라 삶고
2. 식힌 닭가슴살과 게맛살을 결대로 찢어 소스에 버무리고
3. 오이와 사과는 채 썰고
4. 라이스페이퍼는 미지근한 물에 담가 부드러워질 때 꺼내어
5. 양상추를 제외한 나머지 속재료를 넣고 돌돌 말아서
6. 도시락에 양상추를 깔고 그 위에 스프링 롤을 얹으면 끝.

TIPS

❖ 스위트 칠리소스를 곁들이면 더욱 맛있어요.
❖ 스위트 칠리소스가 없을 때는 물3 : 식초1 : 설탕1 : 고춧가루0.3 : 다진 마늘0.3 : 전분물0.3 비율로 섞은 뒤 한번 끓여주면 비슷한 맛이 난답니다.
❖ 스프링 롤끼리 맞닿지 않도록 양상추로 스프링 롤 옆면을 감싸주면 나중에 먹기 편해요.
❖ 닭가슴살을 삶을 때 대파 밑동과 함께 삶아보세요. 누린내가 줄어요.
❖ 가는 쌀국수(버미셀리)가 있다면 살짝 데쳐 소스에 버무려 넣어보세요. 쫄깃한 식감과 포만감이 더할 거예요.

치킨 데리야끼 덮밥

지금 살고 있는 집은 침대 옆 벽면 전체가 커다란 창문이라 아침에 눈을 뜨자마자 창문 너머로 하늘을 볼 수 있어요. 그래서 맑은 날이면 알람이 울리기도 전에 햇살 속에서 기분 좋게 눈을 뜨고는 한답니다. 지난 몇 주 동안은 소나기와 먹구름으로 그 호사를 누리지 못했어요. 그런데 오늘은 눈을 뜨자마자 구름 한 점 없이 청아한 푸른 하늘이 보였어요. 그때 제일 먼저 든 생각이 뭔 줄 아세요?

'난 오늘 소풍을 가고 말거야.'

게다가 오늘은 토요일이라서 죄책감 없이 나가기에 제격이죠. 아직 비몽사몽하는 동네 친구를 꼬드겨낸 뒤, 침대에 앉아 소풍의 꽃인 도시락 메뉴를 고민했어요.

'김밥과 디저트는 가는 길에 사면 될 테고, 간단한 샐러드 외 곁들임 한 가지는 무엇으로 할까? 식어도 맛있어야 하니 스테이크는 안 될 테고, 파스타는 김밥이랑 겹치는데……'

그때 생각났던 게 바로 그저께 냉동실에 얼려두었던 닭고기였어요.

'그래, 닭고기를 양념에 졸여 가자! 달콤 짭짤한 간장 양념에 전분을 묻혀 구운 닭봉과 날개를 졸여 견과류를 뿌려주면 식어도 차지고 맛있을 거야.'

친구와 공원에서 돗자리 깔고 도시락을 까먹는 내내 "이야, 이 닭고기는 쌀밥이랑 먹으면 더 맛있겠다!"라는 감탄이 나왔어요. 짭조름하면서도 달달한 게 이것 하나만 있어도 밥 한 그릇은 뚝딱이겠다 싶었거든요.

그래서 소개해요. 식사용으로 한층 업그레이드 된 치킨 데리야끼 덮밥! 레시피에서는 뼈 없는 순살을 사용했지만, 기호에 따라 뼈 있는 닭고기를 사용해도 맛있답니다.

따뜻할 때는 바삭하게, 도시락 반찬으로 차갑게 먹을 때는 쫀득하게, 치킨 데리야끼 덮밥 한 그릇 즐겨보세요.

따뜻해도 맛있고 차가워도 별미인 도시락 반찬으로

치킨 데리야끼 덮밥을 추천해요.

READY 양파 0.3개, 닭 다리살 2컵, 다진 대파 1스푼, 전분가루 또는 밀가루 3스푼, 식용유 3.5스푼, 쌀밥 1공기, 다진 호두, 땅콩, 아몬드 1스푼
소스 재료 간장 1.5스푼, 설탕 1.5스푼, 올리고당 0.3스푼, 식초 1스푼, 굴소스 0.5스푼, 물 1.5스푼

MAKE IT

1. 닭고기는 전분 가루를 발라서
2. 식용유를 두른 프라이팬에서 중불로 굽고
3. 겉면이 바삭해지면 소스 재료를 넣고 약불에서 졸이다가
4. 소스가 끓기 시작하면 채 썬 양파를 넣고
5. 양파가 투명해지면 불을 끄고
6. 밥 위에 양파, 닭고기, 견과류와 다진 대파 순서대로 얹으면 끝.

TIPS

❖ 좀 더 든든하게 먹고 싶을 때는 4에서 불을 끈 뒤 미리 풀어둔 달걀 1개를 넣고, 30초를 기다린 뒤 밥 위에 얹어 드세요. 간단하게 오야꼬동으로 즐길 수 있어요!
❖ 신선도가 떨어지거나 해동 닭을 사용할 때는 15분 이상 우유에 버무려 누린내를 잡아주세요.

구운 쌈장 오니기리

생각해보면 중학교 이후로는 우리나라에서 생일을 보낸 적이 몇 번 없어요. 제 생일은 한여름이라 보통 미국에 있거나 중국, 인도 등지에서 낯설게 보냈거든요. 게다가 작년 스물여섯 번째 생일은 무려 태평양 위 샌프란시스코발 서울행 비행기 안에서 보냈고요. 깜짝 축하를 해주러 멀리서 샌프란시스코까지 몰래 날아온 친구들과 길이 엇갈리면서 생일 선물로 욕을 잔뜩 먹었답니다. 그래서 그 다음 해에 맞는 생일만큼은 여러 사람과 함께 화려하게 즐기고픈 마음이 컸어요.

그리고 벼르고 벼르던 생일까지 남은 시간 3주. 부푼 마음을 안고 가까운 사람들과 멕시코 칸쿤에 가볼까, 파티를 열어볼까 한창 논의하는데 "까똑" 하고 알람이 울렸습니다.

"우리 딸, 생일에 집에 내려오는 거지? 언제 올 거야?"

부모님이었어요!

늘 해외에 있는 딸이라 오랜만에 한국에 있다고 하니 가족과 함께 생일을 축하할 거라고 믿으셨던 거지요. 이렇게나 저와 함께 생일을 보낼 거라고 확신하는 두 분께 차마 놀러 갈 거라는 말을 할 수 없었던 건 당연하고요. 어디로 튈지 모르는 공처럼 살아가는 딸이니, 생일에라도 부모님을 기쁘게 해드려야겠다고 생각했어요.

그래서 그 문자를 받는 순간 모든 생일 계획을 접고 생일 전날 얌전히 부산 집으로 내려갔답니다. 하지만 솔직히 아쉬움이 없었다면 거짓말일 거예요. 여행을 가려고 했거든요. 그래서 그 아쉬움을 담아 생일 다음 날에 어머니를 꼬드겨내어 갑작스럽게 후쿠오카 여행을 떠났어요.

먹거리로 유명한 지역인 만큼 후쿠오카에는 다양하고 신기한 음식이 많았어요. 그중에서도 아소국립공원 안의 료칸에서 먹은 '구워 먹는 일본 된장'이 특히 인상적이었답니다. 이 음식은 개인 화로에 철망 호오바잎목련잎을 깔고 그 위에 파와 표고버섯 등을 잘게 다져 넣은 일본식 된장을 구워 조금씩 쌀밥에 얹어 먹는, 다카야마의 향토 요리라고 해요.

신기하게도 된장 냄새가 강하지 않고 그 맛이 우리나라 강된장과 흡사해서 먹는 내내 도시락 메뉴로 응용하면 좋겠다 싶었지요.

구운 쌈장 오니기리는 그 호오바 미소를 응용하여 속을 채운 일본식 주먹밥에 묽은 된장소스를 발라 살짝 구워낸 도시락 메뉴예요. 즉석에서 구워 먹으면 더 좋겠지만, 아무래도 도시락으로 화로를 가지고 다닐 수는 없는 노릇이니까, 미리 구워 모양과 은은한 된장소스의 풍미를 함께 잡았답니다. 오니기리 안에는 쇠고기와 버섯 등 건더기가 들어 있기 때문에 달짝지근한 소스 사이사이 여러 재료의 식감을 느낄 수 있게 했고요. 내일 도시락 메뉴로 도전해보세요. 달콤한 된장소스가 중독적인 든든한 주먹밥 도시락을 맛볼 수 있을 거예요. 아참, 구운 쌈장 오니기리의 된장소스는 한번 만들어두면 일주일은 거뜬히 두고 먹을 수 있는 만능 소스입니다. 미리 넉넉히 만들어놓길 추천해요!

READY

식은 밥 1.5공기, 깻잎 4장, 식용유 0.5스푼

소스 재료 일본 백된장 2.5스푼, 홍고추 0.5개, 다시마물 2스푼, 맛술 1스푼 또는
청주 1스푼과 설탕 0.25스푼, 참기름 2~3방울, 식용유 1스푼, 쇠고기 다짐육
3스푼, 표고버섯 1장, 새송이 0.25개, 다진 대파 흰 부분 1.5스푼

MAKE IT

1. 믹서기에 백된장, 홍고추, 다시마물, 맛술을 넣어 갈고
2. 표고버섯, 새송이, 대파는 잘게 다지고
3. 식용유를 두른 프라이팬에서 쇠고기, 표고버섯, 새송이, 대파를 볶고
4. 쇠고기의 핏기가 사라지면 된장소스를 넣고 30초간 더 볶은 뒤
5. 불을 끄고 참기름을 더하면 만능 된장소스 완성!
6. 밥을 손바닥에 넓게 펼쳐 된장소스 건더기를 0.5스푼 얹어 주먹밥을 만들고
7. 식용유를 두른 프라이팬에서 주먹밥을 굽다가
8. 주먹밥이 살짝 눌으면 겉에 된장소스 양념을 바르고
9. 깻잎 1장으로 감싸 타지 않게 살짝 구워내면 끝.

TIPS

❖ 만능 된장소스2:물1을 넣어 끓이면 초간단 일본식 된장국 완성! 여기에 불린 미역이나
두부를 넣으면 맛과 영양이 업그레이드된답니다!

❖ 주먹밥을 만들 때 손에 소금물을 묻혀두면 밥알이 손에 묻어나지 않아요.

❖ 만능 된장소스만 미리 만들어두면 도시락 준비 과정이 좀 더 간단해져요.

❖ 깻잎은 부드러운 안쪽이 주먹밥 밖으로 오도록 싸야 식감이 거칠지 않아요.

일본식 쇠고기 카레

제게 카레는 지겨우면서도 늘 반가운 음식이에요. 고등학교 여름방학 한 달 반 남짓을 인도 콜카타에서 지냈어요. 그때만 해도 하루에 한 끼는 꼭 묽은 카레를 먹으며 '내 평생 카레는 여기에서 끝이다'라고 생각했지만, 정작 요즘은 카레가 그리워 최소 한 달에 한 번은 꼭 끓여 먹어요. 물론 인도 카레와는 좀 다르지만요. 요즘은 걸쭉한 일본식 카레에 빠져 있어요.

일본 카레는 중학교 3학년 때 처음 접했어요. 부산 서면에 있는 한 일본 카레 체인점에서요. 당시 함께 갔던 언니의 추천으로 골랐던 메뉴는 감자 고로케를 곁들인 약간 매운 쇠고기 카레였는데, 카레가 나왔을 때 쇠고기 몇 점 동동 떠 있는 게 다인 멀건 카레에 당황했던 걸로 기억해요. 일본에서는 원래 맹물에 카레 가루만 개어 먹나 싶었거든요. 근데 웬걸! 한 숟갈 떠먹어보니 그 멀건 소스가 어쩜 그렇게도 깊고 맛있던지!

 국처럼 주르륵 흘러내리는 인도나 한국식 카레와는 달리 일본
카레는 야채 형체가 없어질 때까지 오랜 시간 뭉글하게 끓이
거나 곱게 갈아내어 걸쭉하게 만들어요. 건더기 하나 보이지
않는 카레소스에 잠시 실망했다가도 곧 밥을 얹은 숟가락을
푹 담그면 묻어 나오는 그 걸쭉한 소스에 다시 묘한 기대를 품
게 되지요.

한국식 카레에는 감자며 당근, 고기 등 갖은 재료가 맑은 카레
국물에 떠 있는데, 일본에서는 걸쭉하고 진한 국물에 크로켓
이나 새우튀김 등 묵직한 토핑을 얹어 먹어요. 커피에 비유하
자면 일본식 카레는 눅진한 에스프레소 같아요.

이렇게 토핑에 따라 다양한 맛을 보이는 일본식 카레 중에서
도 제가 즐겨 해 먹는 건 일본식 쇠고기 카레랍니다. 별다른 튀
김 토핑이나 반찬 없이도 카레 안에 쇠고기가 들어 있어 한 끼
식사로 부족함이 없어요.

얇게 저민 쇠고기 한 점에 푹 익은 양파, 그리고 바삭하게 튀겨
진 마늘을 밥에 얹어 카레소스를 한 큰술 흠뻑 적셔 입에 넣으
면 곧 카레 향을 입은 쇠고기의 풍미와 달큰한 양파의 감칠맛,
마늘 프레이크의 고소함이 차례대로 느껴져요.

식어도 맛있는 음식이 있다면,

어느 귀찮은 저녁에 혼자 하는 식사가 외롭지 않을 거예요.

일본식 쇠고기 카레를 소개합니다.

그 맛에 밥 한 그릇 정도는 뚝딱 비워내지요. 특히 알싸한 마늘 프레이크가 뒷맛을 깔끔하게 잡아주기 때문에 그릇을 비울 때까지 느끼하지 않게 먹을 수 있답니다.

게다가 일본식 쇠고기 카레는 식어도 맛있기 때문에 도시락 메뉴로도 좋아요. 쇠고기는 얇은 샤브샤브용을 사용해서 식어도 질기지 않고, 식으면서 생기는 쇠고기 누린내는 마늘 프레이크가 잡아주기 때문에 도시락 뚜껑을 열 때 걱정하지 않아도 되지요. 1인분 레시피이기 때문에 사나흘씩 카레만 먹을 필요도 없고 말이에요.

자, 내일 점심 메뉴는 언제 먹어도 질리지 않는 손쉬운 일본식 쇠고기 카레 어때요? 일본 카레 전문점 못지않은 쇠고기 풍미 진한 카레를 맛볼 수 있을 거예요!

밥 한 그릇 뚝딱 비워낼 수 있는

일본식 쇠고기 카레로 질리지 않는

도시락을 만들어보아요.

READY

식용유 2.5스푼, 양파 0.25개, 쇠고기 샤브샤브용 고기 6장, 마늘 3쪽, 고형 카레루 1칸, 물 1.5컵, 토마토 페이스트 1스푼

MAKE IT

1. 양파는 채 썰고
2. 마늘은 얇게 저며 찬물에 헹구고
3. 물기를 제거한 마늘을 식용유 두른 프라이팬에서 튀기듯 볶아서
4. 갈색이 되면 체에 받쳐두고
5. 마늘 볶던 기름에 차례대로 양파와 쇠고기를 볶고
6. 토마토 페이스트를 넣고 10초정도 볶다가
7. 물과 카레루를 넣고 되직해질 때까지 끓여
8. 밥 위에 카레를 담고, 그 위에 마늘 프레이크를 뿌리면 완성.

TIPS

❖ 생파슬리나 파슬리 가루, 다진 파를 곁들이면 색감과 풍미가 더해져요.
❖ 1인분만 끓일 때는 냄비 대신 작은 프라이팬을 사용하는 게 더 편해요.

돼지불고기 부리또

데이비드와 발브는 저녁 외출이 잦은 편은 아니었어요. 특히 저녁 식사만큼은 꼭 가족이 함께했고요. 하지만 학기마다 꼭 한 번, 데이비드가 코치로 있는 미식 축구팀의 회식이 있는 날만큼은 집을 비우고는 했답니다.

그런 날이면 저녁 늦게 귀가하는 데이비드와 발브의 손에는 같이 사는 동생 기태와 저를 위한 부리또 두 개가 들려 있었어요. 부리또에는 밥심으로 살아가는 한국인의 취향에 맞추어 튀긴 생선과 쌀, 튀긴 면 등이 달콤 짭조름한 오리엔탈소스와 궁합을 이루고 있었어요. 처음에는 오묘하게만 느껴졌던 그 맛에 점점 익숙해져서 나중에는 은근히 데이비드와 발브가 외출하는 날을 기다리기도 했답니다.

그 좋아하던 부리또는 대학 진학 후 금세 지겨워졌어요. 과제와 시험으로 바쁠 때면 늘 교내 식당에서 파는 기다란 바게트 샌드위치나 매점에 있는 차가운 치킨랩Chicken Wrap, 닭가슴살 부리또을 사서 도서관으로 향했거든요. 거의 매일 먹다보니 당연히 맛보다는 배를 채울 목적이 되고, 언제부터인가 치킨랩을 꺼내들 때면 "Ew, Chicken Wrap Again?우웩. 또 치킨랩이야?"이라는 소리가 절로 나오고는 했답니다.

그래서인지 지금도 부리또라는 단어를 들으면 생선튀김과 쌀이 잔뜩 들어 있는 맛있는 부리또가 아닌, 대학교에서 지겹게 먹었던 치킨랩이 떠오르고는 해요. 그래도 학교를 떠나온 지 삼 년쯤 되니 이제는 학교 매점의 흐물거리는 치킨랩마저도 반가울 것 같지만 말이에요.

늘 간식이나 배를 채울 요량으로 먹었지만, 사실 부리또는 영양학적으로 매우 우수한 음식이에요. 고기, 야채, 콩 등이 탄수화물인 토르티아에 싸여 있기 때문에 한 끼 식사 대용으로 충분하고요.

김밥처럼 저렴하고 간단하게 먹을 수 있는 데다가 취향에 맞게 속재료를 다르게 채울 수 있으니 바쁜 사람들이나 주머니 가벼운 학생들에게는 참 고마운 음식이지요. 특히 포크와 나이프처럼 특별한 도구 없이도 깨끗하게 먹을 수 있다는 점에서 점심 도시락 메뉴로도 좋고요.

그래서 이번 도시락 메뉴로는 돼지불고기 부리또를 소개해요. 플로리다에서 먹던 생선튀김 부리또를 추억하며 응용한 레시피랍니다. 그 오리엔탈소스를 불고기 양념 삼아 다양한 식감과 달콤 짭짤한 맛이 일품인 부리또를 알려드릴게요.

READY

돼지고기 불고기감 80g, 식용유 3스푼, 10인치 토르티야 1장, 흰밥 2/3컵, 스파게티면 또는 소면 5가닥, 양파 0.2개, 체다 치즈 2스푼, 베이크드빈 통조림 2스푼, 파프리카가루 또는 고운 고춧가루 0.3스푼, 사워크림 또는 플레인 요거트 1.5스푼, 다진 고수잎 1스푼

소스 재료 간장 2스푼, 설탕 1.5스푼, 양파 0.25개, 마늘 0.5스푼, 굴소스 0.5스푼, 적포도주 1.5스푼, 사과 0.2개(생략 가능), 레몬즙 또는 사과 식초 0.5스푼(생략 가능)

MAKE IT

1. 양파와 사과는 잘게 다지고
2. 소스 재료를 섞어 돼지고기를 10분간 재워두고
3. 프라이팬으로 토르티야를 살짝 구워 식히고
4. 스파게티는 손가락 마디 하나 길이로 조각내어
5. 식용유 두른 프라이팬에서 튀기듯 볶아 식히고
6. 스파게티를 볶았던 프라이팬에서 돼지고기를 소스째 볶고
7. 토르티야에 밥, 돼지불고기, 양파, 베이크드빈, 치즈, 튀긴 면, 요거트, 파프리카가루를 뿌려 말아주면 끝.

TIPS

❖ 이 순서대로 조리하면 프라이팬 하나로 조리 가능해요!
❖ 토르티야(식용유X), 스파게티(식용유O), 돼지고기(식용유O).
❖ 기호에 따라 할라피뇨 1, 2개를 넣어도 맛있어요.

취향에 맞는 재료로

든든하고 맛있는 점심 도시락을

만들어보세요.

"나만의 레시피를 기록해보세요,
오늘은 어떤 기분으로 이 요리를 만들었나요?"

두고두고 먹는 맛 스틸러

방울토마토 피클

새콤달콤한 방울토마토 피클은 입맛을 돋우는 가벼운 샐러드 느낌의 피클이에요. 깔끔하게 입안을 정리해주기 때문에 식사 마무리로 먹기에도 좋지요.

한번 만들어두면 3주는 거뜬히 먹기 때문에 나중에 스테이크나 샐러드에 곁들여 먹기 좋아요.

READY 　방울토마토 300g, 바질 6장, 식초 1컵, 설탕 3스푼, 소금 0.5스푼

MAKE IT
1. 방울토마토는 꼭지를 제거한 뒤
2. 소금물로 깨끗이 씻어 물기를 제거하고
3. 이쑤시개로 방울토마토에 여기저기 구멍을 낸 뒤
4. 방울토마토와 바질 잎을 미리 소독해둔 유리병에 담고
5. 식초와 설탕, 소금을 잘 섞어 유리병에 담고 3일간 기다리면 끝.

바질페스토

바질페스토는 마트에서 쉽게 구할 수 있는 양념이지만, 때때로 집에서 직접 만들어 먹기도 해요. 빵에 발라 먹거나 파스타와 스테이크 소스로 사용하기 좋기 때문에 냉장고에 하나쯤 준비해두면 유용해요. 오리지널 페스토는 바질즙이 나오도록 사발에 빻아 만들지만, 우리는 간단하게 믹서기를 사용해봐요.

READY   생 바질 2줌(200g), 마늘 2쪽, 치즈와 잣 1스푼, 엑스트라 버진 올리브오일 2/3컵, 소금 약간

MAKE IT
1. 바질은 물기를 제거하고
2. 올리브유를 조금씩 넣어가며 재료를 믹서기로 갈고
3. 소독해둔 유리병에 담고
4. 맨 위에 올리브유를 뿌려 얇은 기름층을 만들어주면 끝!

콤파운드 버터

콤파운드 버터는 우유 버터에 마늘, 버섯, 허브 등 다양한 재료를 넣어서 맛을 더한 버터예요. 보통 빵에도 발라 먹지만, 요리할 때 사용하면 그 진가가 더욱 빛나는 양념이지요.

비린내가 나기 쉬운 연어를 구울 때 레몬 버터를 사용하면 비린내가 감쪽같이 사라져요. 특히 실온에 두어 부드러워진 무염 버터에 곱게 간 재료를 섞어 냉장고에서 굳히기만 하면 되기 때문에 금방 만들 수 있어요. 모양 틀에 넣어 굳히면 독특한 모양의 콤파운드 버터를 만들 수도 있고요!

콤파운드 버터를 만드는 방법은 간단하니까 여기에서는 레시피 대신 서로 잘 어울리는 조합 몇 가지를 소개할게요. 아참, 허브와 마늘의 조합은 허브 종류에 관계없이 언제나 맛있다는 점 참고하세요!

READY   버터 1컵(200g) 기준

MAKE IT
※ 이탈리안 파슬리 1스푼+다진 마늘 2.5스푼+소금 0.25스푼

※ (칼로 다진)건 무화과 5개+아몬드 2.5스푼+소금 0.25스푼

※ 엔초비 4마리+블랙 올리브 2/3컵

※ 레몬제스트 1개+레몬즙 1스푼+소금 0.25스푼+후추 0.2스푼

※ (칼로 다진) 블랙 올리브 0.5컵+(칼로 다진) 그린 올리브 0.5컵

※ 양송이 버섯 0.5컵+다진 마늘 0.5스푼+소금 0.25스푼

※ 꿀 또는 메이플 시럽 2스푼

콤포트

혹시 너무 시큼해서, 맛이 없어서, 양이 너무 많아서 먹다 남은 과일이 있다면 콤포트Compote를 만들어보세요. 콤포트는 과일을 설탕과 레몬즙 등에 졸인 설탕 절임이에요. 오리, 돼지고기 같은 육류나 팬케이크 등에 상당히 잘 어울려요.

블루베리 콤포트

READY 냉동 블루베리 1.5컵(150g), 설탕 2스푼, 레몬즙 또는 사과식초 0.5스푼

MAKE IT
1. 냄비에 블루베리를 넣고
2. 블루베리 위에 설탕을 덮어
3. 설탕이 녹기 시작하면 레몬즙을 넣고
4. 진득해질 정도로만 중약불에서 4~5분간 끓이면 끝.

복숭아 콤포트

READY 천도복숭아 2개, 물 0.25컵, 적포도주 0.25컵, 설탕 3스푼, 레몬즙 1스푼, 시나몬가루 한 꼬집, 버터 0.25스푼

MAKE IT
1. 복숭아는 세로로 6~8등분하고
2. 버터를 제외한 모든 재료를 냄비에 넣고 중불에서 졸이다가
3. 복숭아 숨이 죽으면 버터를 넣어 소스가 진득해지도록 3분간 끓이면 끝.

TIP 사과 콤포트는 블루베리 대신 사과 1개(사과가 작으면 1.5개)에 시나몬가루 한 꼬집만 더해주세요.

TITLE : 나를 위한
영양 보충

불고기 부추전

비가 추적추적 내리는 날이면 꼭 빈대떡이며 전 생각이 나고
는 해요. 기름에 지글지글 구워지는 그 소리가 빗소리 같기도
하고 말이에요. 겉은 바삭하고 속은 촉촉하게 익은 전 한 점을
맛간장에 살짝 찍어 입에 넣으면 "역시 비 오는 날에는 전이
지!"라며 무릎을 탁 치게 되지요. 물론 막걸리 한 잔 곁들인다
면 더욱 좋겠지만요.

불고기 부추전은 여름휴가 중 우연히 먹게 된 불고기 파전을
살짝 변형시켜 만든 전이에요. 머물고 있던 호텔 조식에 질렸
을 무렵, 늦은 아침 겸 점심으로 무엇을 먹어야 하나 고민하던
중에 미국의 유명 미식 블로거가 쓴 서울 식당 추천 기사가 눈
에 들어왔어요.

여러 식당 중에서도 제 눈길을 끈 건 된장 국수와 불고기 파전
이 일품인 작은 식당이었어요. 마침 제가 머물고 있던 호텔에
서 5분 거리였고요. 당연히 "오늘 메뉴는 너로 정했다!" 하며
슬리퍼를 신고 졸래졸래 식당으로 향했지요.

식당은 테이블 네 개가 전부인 작지만 아늑한 공간이었는데, 이모님 세 분이 함께 꾸려나가시는 듯했어요. 뒤늦게 도착한 일행과 호기롭게 불고기 파전과 된장 국수를 시키고 이런저런 이야기를 하다보니 금세 음식이 나왔지요.

눈앞에 턱 하니 놓인 커다란 접시에는 불고기를 잔뜩 얹은 고소한 기름 냄새의 파전이, 하얀 면기에는 얇은 쇠고기가 듬뿍 쌓인 탕면이 들어 있었답니다.

먼저 시원한 된장국물 한 숟갈로 입안을 돋우고 곧장 불고기 파전에 젓가락을 갖다 대는데, 젓가락을 따라 쭉 찢어지는 쪽파 사이로 불고기의 달큰한 양념과 기름을 흠뻑 먹은 밀가루 튀김의 고소함이 뒤섞여 코를 자극했어요. 그리고 한 점. 전이 기름을 너무 많이 먹었는지 좀 느끼하기는 했지만, 집에서 꼭 해 먹어야겠다 싶을 정도로 달콤한 불고기와 파전의 조화가 좋았어요.

그렇게 집에서 변형시켜본 메뉴가 바로 불고기 부추전이에요. 왜 쪽파 대신 부추를 사용했느냐고요? 쪽파보다 더 가는 부추를 사용하면 익는 시간이 불고기와 비슷해서 좀 더 적은 기름을 사용하며 바삭한 전을 만들 수 있겠다는 생각이 들었기 때문이에요.

불고기와 부추의 궁합이야 이미 알려졌듯 워낙 좋고, 매콤한 청양고추를 잘게 썰어 넣어 느끼함을 줄였지요. 식당에서 먹었던 것보다 기름 사용이 덜해서 훨씬 깔끔한 맛이 난답니다. 집밥으로만 만날 수 있는 업그레이드된 불고기 부추전. 그 맛이 궁금하지 않으세요? 한 번 맛보면 앞으로는 '전'이라는 말만 들어도 무조건 불고기 부추전이 생각날지도 몰라요!

전 냄새에 설레어본 적이 있나요?

그 고소한 기름 냄새가 가끔 저를 들뜨게 해요.

불고기 부추전은 그런 전 중에서도

최고의 메뉴가 될 거예요!

READY   불고기용 쇠고기 목심 또는 샤브샤브용 부채살 1컵, 영양부추 100원짜리 동전만큼 한 줌, 부침가루 0.5컵 또는 밀가루 2스푼+전분 4스푼+소금+후추, 양파 0.25개
양념 재료 진간장 3스푼, 사과즙 1스푼 또는 매실액 1스푼이나 설탕 1.5스푼, 참기름 0.5스푼, 설탕 1스푼, 다진 마늘 0.5스푼, 올리고당 0.5스푼(생략 가능), 소금 한 꼬집, 후추 한 꼬집, 적포도주 1스푼, 물 0.3컵

MAKE IT
1. 쇠고기는 키친타월로 눌러서 핏물을 제거하고
2. 먹기 좋게 썰어 양념에 재워두고요,
3. 부추는 손가락 두 마디 길이로, 양파는 가늘게 세로로 채 썰고
4. 부침가루와 물을 넣어 잘 섞어서
5. 기름을 넉넉하게 두른 프라이팬에 반죽을 두르고 중간중간에 쇠고기를 놓은 뒤
6. 고기 위에 반죽을 살짝 더 둘러서
7. 양쪽 면을 노릇하게 익히면 끝.

아보카도 문어 샐러드

최근에 가까운 지인이 부친을 떠나보냈어요. 갑작스러운 일인데다, 워낙 가족에게 살갑던 어른의 소식이라 유족의 상심이 유독 깊어 보였어요.

평소 그 가족 이야기를 자주 들어왔기 때문인지, 제게도 그 슬픔의 일부가 전해지는 것만 같았어요. 늦둥이로 태어나 큰 사랑을 받은 대신 그만큼 남들보다 먼저 부모님과의 이별을 준비해야 했고, 머리로는 현실을 이해해도 가슴으로는 부친의 죽음은 받아들이기 쉽지 않다는 그의 회고록을 읽다가 괜스레 우리 아버지 생각이 났어요. 아버지한테 전화를 걸어 펑펑 울었던 기억이 나요.

아보카도 문어 샐러드는 혼자 남은 그의 어머니를 위해 만들었던 요리예요. 부친을 떠나보낸 뒤 고향에 계신 어머니 댁 주변으로 거처를 옮긴 그는, 평소 달고 기름진 음식을 즐기는 어머니 건강을 꽤 걱정했거든요.

제게 마땅한 음식이 없겠느냐고 묻길래 최대한 자연 그대로의 재료를 사용한 이 샐러드를 권했지요.

아보카도 문어 샐러드는 소금 대신 레몬즙을 사용한 저염식입니다. 기력을 보강할 수 있도록 문어와 지방 함유량이 높은 아보카도가 영양의 균형을 잡아주는 건강한 한 접시예요. 식이 요법은 처음부터 음식 스타일을 확 바꾸는 것보다는 섭취 비중이 낮은 메뉴부터 서서히 바꾸어가는 게 거부감이 덜해서 전채 요리를 권했죠.

잠깐, 건강식이니까 맛이 없을 것 같다고요? 그럴 리가요. 역시 가장 중요한 건 맛인데! 소스로 레몬즙과 올리브유를 사용했답니다. 단맛을 즐기는 사람은 신맛도 좋아하는 편이기 때문이에요. 이 레몬즙은 문어의 비린내와 아보카도의 느끼함을 잡아주고, 새콤달콤한 방울토마토 피클이 깔끔하게 맛을 마무리하며 전체적으로 입맛을 돋게 해줘요. 상큼한 맛을 좋아한다면 다이어트식이라는 편견 없이 충분히 즐길 수 있답니다. 특히 다이어트를 할 때는 한 끼 식사로, 평소에는 전채 요리로도 잘 어울리는 멀티플레이어이지요.

어머니를 향한 아들의 걱정과 사랑이 담긴 아보카도 문어 샐러드를 소개해요. 맛과 건강을 고루 잡은 한 끼로 잠시나마 우리 몸에 자연의 쉼을 선사해보는 게 어떨까요? 몸은 한결 가벼워지고, 기분 좋은 활력을 느낄 거예요.

READY

돌문어 다리 1개, 아보카도 0.5개, 방울토마토 피클 1개, 레몬 0.5개, 사과식초 0.3스푼, 올리브유 0.5스푼, 래디시 0.5개(생략 가능)

MAKE IT

1. 문어 다리는 끓는 물에 8초 정도 살짝 데친 후
2. 차가운 물에서 식혔다가
3. 가장 굵은 부분을 중지 손가락 길이만큼, 나머지는 한입 크기로 잘라두고
4. 아보카도는 한입 크기로, 래디시는 필러로 단면을 동그랗게 깎아두고
5. 버터를 녹인 프라이팬에서 문어를 10~20초 정도 빠르게 볶은 뒤
6. 레몬은 즙을 짜서 그릇에 담고,
7. 레몬즙에 잠기도록 아보카도, 문어 조각, 방울토마토 피클을 담고
8. 그 위에 큰 문어 조각과 래디시를 돌돌 말아서 문어 빨판에 꽂아주면 끝.

TIPS

❖ 과정 5는 풍미를 더해주기 위한 방법이에요. 지방 섭취를 줄여야 한다면 생략해요.
❖ 싱겁다고 느껴지면 소금 대신 레몬즙 양을 늘리거나 치즈를 갈아서 1스푼 더해보세요.

족발 샐러드

혼자 살다보면 좋은 점만큼이나 아쉬운 점이 많아요. 나만의 공간이 있고 생활이 자유롭다는 장점이 있지만, 모든 일을 혼자서 해결해야 하고 때때로 적막함을 느끼기도 해요.

특히 먹는 걸 좋아하는 저로서는 외식이나 음식 배달을 시킬 때 난감하다는 점도 자취의 큰 아쉬움 중 하나예요. 치킨 한 마리를 시키면 이틀 내내 먹어야 하고, 짜장면 배달은 당연히 못하고, 4인석부터 시작하는 식당에는 자리 차지하는 게 미안해서 들어가지 못하죠. 그러다보니 가끔 고향집에 내려가거나 음식 취향이 비슷한 친구를 만나면 평소 혼자일 때는 먹지 못하는 음식을 쓸어 담듯 먹는답니다.

족발도 그런 음식 중 하나예요. 아무리 작은 사이즈로 주문해도 혼자서 먹기에는 버거운 양이라서 일 년에 한 번 먹을까 말까 하지요. 그래서 가끔 너무 먹고 싶어서 큰맘 먹고 시킬 때면 또 어찌나 욕심이 나는지, 꼭 큰 사이즈를 주문하고요.

그러다보니 다음 날 세 끼 내내 먹고도 남은 족발을 한두 번 더 먹게 될 때도 있어요. 그것도 지겨워서 세 번 다 다른 방법으로 먹는데, 보통 첫 끼는 전자레인지로 데운 족발에 양념을 곁들여 먹고, 두 끼째는 프라이팬에 족발을 바싹 구워 먹지요. 이렇게 먹어도 남는다면 세 끼째에는 이번에 꼭 끝내고 말리라 다짐하며, 비장하게 지금 소개해드릴 족발 샐러드를 해 먹는답니다.

족발 샐러드는 고소하고 알싸한 마늘 기름에서 볶아낸 족발에 채 썬 야채와 바삭한 마늘칩을 곁들여 버무려 먹는 요리예요. 마늘 기름 때문에 족발 특유의 냄새는 가시고, 바삭한 마늘칩이 족발의 쫀득한 식감을 부각시켜주지요. 거기에 아삭한 오이와 선홍빛이 예쁜 자색무, 그리고 봄의 향을 품은 돌나물이 상큼한 머스터드소스와 어우러져 족발의 느끼함을 잡아준답니다.

먹다 남은 족발을 재활용했다는 느낌보다는 마늘 기름의 풍미 덕분에 대접하기 위해 정성껏 요리한 일품요리처럼 느껴져요. 족발 샐러드를 먹을 때면 이걸 해 먹기 위해서 또 족발을 시켜야겠다 싶고, 정작 족발을 사 오면 다음날 무한 족발의 늪 속에서 족발을 사 온 어제의 나를 타박하는 게 자꾸 반복되지요.

너무 먹고 싶어서 시킨 족발이 많이 남아 걱정되는 날이라면 이제 고민 그만! 샐러드를 만들어보세요. 그 고소한 마늘 향 때문에 맥주나 와인 안주로도 잘 어울린답니다!

READY	족발 1컵, 무채 1컵, 채 썬 자색 양배추 0.5컵, 오이 0.25개, 돌나물 0.5컵, 마늘 2쪽, 식용유 2.5스푼 **소스 재료** 발사믹 식초 1스푼 또는 식초 1스푼+설탕 2/3스푼, 홀그레인 머스터드 또는 디종 머스터드 0.5스푼, 레몬즙 1스푼
MAKE IT	1. 족발은 한입 크기, 무와 오이는 채 썰고 2. 물기 뺀 돌나물과 손질한 양배추, 오이, 무는 그릇에 담고 3. 저민 마늘은 물에 헹구어 키친타올로 물기를 제거하고 4. 프라이팬에 식용유를 두르고 마늘을 튀기듯 구운 뒤 5. 마늘 색이 변하면 마늘을 꺼내고 족발을 넣어 센 불에서 30초간 살짝 볶은 후 6. 그릇에 족발, 마늘 순서대로 얹으며 족발 위에 마늘 튀긴 기름을 끼얹고 7. 소스 재료를 섞어 야채에 빙 둘러 뿌려주면 끝.
TIPS	❖ 적은 기름으로 마늘을 튀길 때는 마늘 색이 변할 때까지 그냥 굽다가, 색이 변하기 시작하면 팬을 살짝 기울여요. 그렇게 기름과 마늘을 팬 한 쪽으로 몰아주어 30초 정도 더 익혀주면 바삭하게 잘 튀겨진 마늘 프레이크 완성! ❖ 보르도무라고 불리는 자색무를 사용하면 단맛이 더해져요. 자색무가 없을 때는 일반 흰무의 파란 부분(잎 쪽)을 사용하면 달큰한 샐러드를 완성할 수 있어요.

해산물 그라탕

육류와 해산물 중 어느 쪽을 더 좋아하나요? 저는 물론 먹는 걸 워낙 좋아해서 둘 다 좋아해요. 하지만 그중 조금이라도 더 좋은 쪽은 해산물입니다. 고향이 부산인 데다가 친가가 동해 옆의 경주 시 감포라서 어릴 때부터 싱싱한 해산물을 접할 기회가 많았거든요. 그래서 지금도 철마다 과메기며 군소, 성게, 아귀 등 개성 강한 바다 재료를 찾아 먹고는 한답니다. 외가는 산쪽인 거창 지역이라 육류보다는 과일과 야채를 즐겨요. 부끄럽지만 아직까지도 가족끼리 치킨 한 마리를 시키면 성인 넷이서 그 한 마리를 다 못 먹고 남기고는 해요. 고기 먹으러 가자는 말에도 늘 시큰둥하고요. 물론 눈앞에 있으면 또 잘 먹지만요.

그래서인지 기력이 쇠한다 싶을 때에도 육류보다는 장어, 문어 등 해산물을 찾아 먹는 편이에요. 상대적으로 해산물에는 피로 회복에 좋은 타우린 성분이 더 많이 들어 있다고 하더라고요.

그래서 몸보신이 필요하다 싶을 때는 바지락 술찜이라든지 문어 숙회처럼 넣고 끓이면 끝인 간단한 해산물 요리를 즐겨 해 먹는 편이지요.

좀 더 묵직한 음식이 먹고 싶을 때는 해산물 그라탕을 만들기도 하는데, 이 적은 양을 굽자고 오븐을 청소하는 게 귀찮을 때는 전자레인지를 이용한 노오븐 그라탕을 만든답니다.

노릇노릇하게 구워져 나온 그라탕 치즈의 풍미와 식감을 어떻게 전자레인지로 표현하냐고요? 그래서 꾀를 쓴 게 바로 파마산 칩이에요.

파마산 칩은 파인다이닝 레스토랑에서 장식으로 만드는 바삭한 치즈 칩인데, 보통 파르미지아노 레지아노나 그라파다노처럼 딱딱한 치즈를 얇게 갈아서 구워 만들어요. 치즈 특유의 풍미가 강하고 치즈 눌은 맛이 좋아 요즘에는 장식을 너머 맛을 위해 곁들이기도 하지요.

이 파마산 칩은 종이 포일이나 은박지만 있으면 프라이팬으로 일 분 만에 만들 수 있기 때문에 오븐이 없어도 그라탕에 눌은 치즈의 풍미와 식감을 더할 수 있어요.

물론 토치가 있으면 그라탕 윗면을 간편하게 지질 수 있겠지만, 이가 없을 때 잇몸으로 싸울 수 있는 방법 하나 정도는 알고 있으면 좋겠죠?

그래서 소개해요. 파마산 칩을 곁들인 전자레인지 해산물 그라탕입니다.

READY

모차렐라 치즈 3스푼, 파르미지아노 레지아노 또는 그라파다노 등 하드 계열 치즈 1스푼, 다진 파슬리 또는 건파슬리 가루 한 꼬집, 새우 5마리, 오징어 0.5마리, 양송이 버섯 3개, 양파 0.3 개, 마늘 2쪽, 후추 한 꼬집, 우유 1.5컵, 생크림 0.5컵, 밀가루 1.5스푼, 버터 1.5스푼, 카레가루 0.3스푼, 식용유 1.5스푼

MAKE IT

1. 냄비에 버터와 다진 양파를 볶다가 투명해지면 밀가루와 우유를 넣고
2. 걸쭉해지면 카레가루를 넣은 후 불에서 내려두고
3. 새우는 내장을 제거하고 오징어는 한입 크기로 손질하고
4. 양파는 작게 깍뚝 썰고, 버섯과 마늘은 얇게 슬라이스한 뒤
5. 식용유를 두른 팬에서 양파, 버섯, 마늘 순으로 볶다가
6. 새우와 오징어를 넣어 겉면만 살짝 굽고 후추로 마무리하고,
7. 전자레인지용 용기 안쪽에 버터나 식용유를 얇게 바른 후에
8. 해산물 볶음, 소스, 치즈 순서로 담아 전자레인지에서 3분간 데우고
9. 치즈가 녹을 동안 파마산 칩을 만들고
10. 녹은 치즈 위에 파마산 칩과 기호껏 파슬리, 갈은 치즈를 올리면 끝.

TIPS

파마산 칩 만들기
재료 파르미지아노 레지아노 또는 그라파다노 등 하드 계열 치즈

1. 전자레인지용 접시에 종이 포일을 깔고
2. 치즈를 얇게 갈아서 원하는 모양대로 모아주고
3. 전자레인지에 넣고 순서대로 1분간 돌려준 뒤
4. 식은 후 종이 포일에서 떼어내면 끝.

가지튀김과 마파두부소스

지금 살고 있는 오피스텔 주변에는 장 볼만한 곳이 많아요. 일반 마트 두 곳에 유기농 마트, 정육점, 야채 가게, 그리고 수요일마다 서는 동네 장까지. 모두 한곳에 모여 있기 때문에 저녁 늦게 심심할 때면 혼자 슬리퍼를 끌고 터벅터벅 마트 구경을 가기도 한답니다. 아빠를 따라온 어린아이, 다정하게 손을 꼭 붙들고 있는 중년 부부를 보며 가족 생각을 할 때도 있고, 찬거리를 사며 마트 여사님들과 짧은 수다를 떨기도 하지요. 아참, 오늘처럼 계산대에서 차례를 기다리던 중 오늘 가지를 저렴하게 판다며 살짝 귀띔해주실 때면 냉큼 달려가서 가지 한 봉지를 집어오기도 하고 말이에요.

가지는 어떻게 먹어도 맛있어요. 찜으로 먹어도 좋고 나물, 구이, 튀김, 김치, 하물며 양념으로 만들어 먹어도 맛있는 진정한 식탁 위의 효자이지요. 그래서인지 우리나라만큼, 아니 그 이상으로 중국인들의 가지 사랑이 유별나답니다.

가지를 비스듬히 썰어내어 달걀과 볶고, 잘게 다져 짜장면 소스에 넣거나 고기로 속을 채워 튀기는 등 다양한 방식으로 조리해요. 특히 마파가지라고, 마파두부에 두부 대신 가지를 넣은 요리도 있어요. 부드러운 마파두부와는 달리 가지의 쫄깃한 식감 때문에 덩어리 고기를 먹는 기분이 들어요. 이번에 소개해드릴 요리는 이 마파가지를 응용해서 만든 가지튀김과 마파두부소스랍니다.

가지튀김과 마파두부소스는 길게 썬 가지와 튀기듯 구워서 그 위에 돼지고기와 두부 등으로 만든 마파두부소스를 끼얹어 먹는 요리에요. 마트에서 세 개들이 세일을 해서 집어온 가지 한 봉지로 무엇을 해 먹을까 고민하던 중에 서안에서 먹었던 마파가지가 생각나서 색다른 중국풍의 가지 요리를 만들어 보았답니다. 두반장소스가 있다면 좀 더 손쉽게 휘리릭 만들 수 있겠지만, 이번 레시피에서는 두반장 없이 좀 더 산뜻한 맛을 소개해드리려고 해요.

늘 나물이나 볶음으로만 먹던 가지의 진면목이 궁금해졌나요? 그럼 중국 향기 폴폴 나는 가지튀김과 마파두부소스를 만들어 보세요. 물컹하다고만 생각했던 가지의 새로운 매력을 알 수 있을 거예요.

물컹하다고만 생각했던 가지의 식감을

매력적으로 느끼게 해줄

중국식 가지 요리를 소개합니다.

READY

전분 0.5컵, 돼지고기 다짐육 0.5컵, 가지 1개, 두부 0.25모, 고춧가루 0.5컵, 식용유 0.5컵, 소금, 후추, 굴소스 0.5스푼, 전분물(전분 0.5스푼, 물 2스푼)

소스 재료 홍고추 2개, 청주 1스푼, 된장 0.5스푼, 간장 0.3스푼, 설탕 0.5스푼, 사과식초 0.3스푼, 마늘 0.5스푼

MAKE IT

1. 가지는 후렌치후라이처럼 두부는 0.5cm 굵기로 깍둑썰기해서
2. 가지와 두부에 전분을 묻히고
3. 가지와 두부를 바삭하게 튀겨 식혀두고
4. 프라이팬에 가지 튀긴 기름 1스푼을 남겨서 고춧가루와 돼지고기를 볶고
5. 믹서기로 간 소스 재료를 더해 10초간 더 볶은 후 물을 붓고
6. 소스가 끓으면 전분물을 넣어 되직하게 끓이고
7. 튀긴 두부를 소스에 넣어 빠르게 양념을 입힌 후
8. 가지튀김 위에 소스를 끼얹으면 끝.

TIPS

❖ 가지는 가늘수록 바삭해요.

물컹하다고만 생각했던 가지의 식감을

매력적으로 느끼게 해줄

중국식 가지 요리를 소개합니다.

"누구와 함께 먹고 싶나요?
오늘은 어떤 기분으로 이 요리를 만들었나요?"

반상 차리기

한 접시 요리를 차례대로 내어오는 양식과는 달리 우리 한식은 밥에 곁들여 먹는 여러 반찬과 요리가 한 상에 차려지죠. 하지만 혼자 사는 사람이 많은 오늘의 20~30대 중 이 상차림에 익숙한 사람이 몇이나 될까요? 밥 한 공기에 반찬 하나. 그나마 부지런하면 거기에 국그릇 하나 더. 그러다보니 가끔 한식으로 상을 차릴 일이 생기면 찬은 많은데 묘하게 어정쩡하다는 느낌이 들 때가 있을 거에요. 그래서 이번 장에서는 반상 차림 이야기를 잠깐 해볼게요.

한 명을 위한 외상에서는 밑반찬 두 개에 국 하나 요리 하나　　01

전통적으로 외상차림은 밥과 국을 제외한 다섯 가지 반찬을 석 줄 깔아내는 5첩이 기본이라고 해요. 하지만 우리가 어느 세월에 그걸 다 만들겠어요? 3첩만으로도 충분한 걸요. 반찬 두 개는 냉장고 속 김치나 밑반찬으로 대체하고, 여기에 간단한 달걀국에 고기 두어 점만 구워내도 한 명을 위한 한정식 완성!
이때 밥그릇은 내 몸 가까이 왼쪽, 국그릇은 오른쪽에 놓고 밑반찬은 그 윗줄 왼쪽에, 요리 접시는 윗줄 오른쪽에 놓아요.

두 명을 위한 두레상에서는 가짓수보다는 배치를 똑똑하게 02

상에 숟가락 하나 더 얹는 날에는 찬 수를 늘리는 대신 배치를 바꾸어 보세요. 밥과 국은 몸 가까이에 두고, 상 가운데에 요리 접시를 놓아요. 그리고 요리 접시의 좌우로 밑반찬을 하나씩 놓으면 두 명을 위한 두레상 완성! 대신 밑반찬과 요리는 꼭 2인분으로 준비하는 점, 잊지 마세요!

TITLE : 나를 위한
위로

4

노오븐 감자 그라탕

언제부터인가, 텔레비전을 켜면 이 채널 저 채널 할 것 없이 뷰티 프로그램이 나와요. 어떻게 하면 화장을 좀 더 세련되게 할 수 있는지, 요즘 주목받는 몸매 관리 비법은 무엇인지 하루가 멀다 하고 새로운 방법과 새 얼굴의 코치가 나타나지요. 인터넷에서는 그 열기가 더해요. 쉽게 살 빼는 방법이며, 성형 상담, 얼굴 작아지는 방법에 관한 콘텐츠 등으로 가득하지요. 친구들을 만나도 외모 이야기가 끊이질 않아요.

"넌 이마만 손보면 훨씬 나을 것 같아."

"그 애가 이번에 코 필러를 넣었는데 감쪽같더라고!"

맞아요. 우리는 끊임없이 더 예뻐지고 싶어하고, 더 사랑받고 싶어해요.

세상에 예뻐지고 싶지 않은 사람이 있을까요? 누구든 더 예뻐지고, 더 사랑받고 싶을 거예요. 그래서 더 노력하고 더 가꾸는 거겠죠. 저 역시 마찬가지입니다. 얼굴이 부어 화장이 잘 안 받는 날이면 그날 약속은 죄다 취소하고 싶고, 거울 너머 볼록하지 않은 내 이마가 눈에 들어올 때면 괜스레 아쉽기도 해요.

내 얼굴이니까, 내 몸매니까 당연히 내가 아쉽고 그 아쉬움을 채우려고 하게 되는 거겠죠. 하지만 아쉬움은 내가 느끼는 거지, 타인이 지적하고 고민거리를 만들어낸다면 그건 잘못된 것이라고 생각해요.

"저 여자는 뱃살이 너무 많아."

"저 남자는 감자 같이 생겼다. 눈도 너무 작아."

며칠 전에 카페에 앉아 있다가 우연히 듣게 된 옆 테이블의 대화예요. 이런 말 한마디에 누군가는 움츠러들고, 강박을 갖고, 그 강박이 어느덧 자신을 향한 미움이 되어 괴로워하게 될 것 같아서 안타까웠습니다.

잠깐 감자 얘기를 해볼게요. 감자 그라탕을 만들 때는 많은 양의 감자가 사용돼요. 그중에는 작고 맨들맨들한 감자도 있을 테고, 크고 울퉁불퉁한 씨알 굵은 감자도 있을 거예요. 하지만 삶아 으깨고 나면 반지르한 알감자도 우락부락 예쁘지 않은 왕 감자도 그저 똑같은 감자일 뿐인 걸요.

제각각 다른 크기에 다른 모양이지만, 큰 감자는 하나만으로도 포만감을 주고 울퉁불퉁한 감자는 찌개용으로 썰어내기 편해서 좋죠. 자갈처럼 반지르한 알감자는 껍질째 사용하는 조림에 제격이고, 주먹만 한 중간 크기의 감자는 찌거나 구워 먹으면 그 맛이 일품이에요.

그저 감자라서 참 예쁜 거죠. 각 조리법에 어울리도록 모양 제각각인 감자라서. 혹시 애매할 때는 이렇게 으깨어 그라탕을 해 먹으면 그만이니까요.

우리도 그렇지 않을까요? 나라서, 내 인생이라는 조리법에 어울리도록 나만의 크기와 모양을 지니고 있는 걸지도 모르잖아요. 이 생김새의, 이런 마음을 지닌, 온전히 나라서 더 잘할 수 있는 일이 있듯이 말이죠. 쌍꺼풀이 짝짝이인 대신 눈이 온순해 보이고, 삐뚠 코는 자세히 보지 않는 이상 크게 표 나지 않아요. 이마는 튀어나오지 않아 오히려 자연스러워 보이고, 튀어나온 치아도 교정 필요 없이 바르게 난 것만으로도 고마운 걸요. 그래서 참 예쁘지 않아요? 그저 나라서, 나다워서. 내가 어떤 모습이든 내가 나라는 것에는 변화가 없을 테니까요 화장도, 몸매 관리도 결국 내 매력을 조금 더 돋보이게 해주기 위한 작은 터치일 뿐, 나의 전부가 되지 않는다는 걸 기억해보면 좋을 것 같아요. 음식이 좀 더 맛있어 보이도록 그라탕 위 치즈 겉면을 그을리는 마트표 팔천 원짜리 토치처럼 말이죠. 완성된 그라탕 위 먹음직스럽게 그을린 빵가루를 숟가락으로 건드리면 금세 바스락거리며 무너져 내려요. 그 사이 피어오르는 김을 비집고 고소한 냄새가 코를 찌르지요. 참 따뜻해요. 한입 넣으니 그 따스함이 고스란히 넘어오는 것만 같아요. 바삭한 빵가루와 고소한 소스에 버무려진 감자, 그리고 짭조름한 베이컨. 울퉁불퉁하던 감자는 어느새 그 형체를 잃고 입안에서 스르르 녹아 내린답니다. 반질반질한 알감자도, 한쪽 귀퉁이에 저만한 혹을 달고 있던 혹부리도. 각각의 모양이 한 그릇에 담기며 하나의 맛을 내고 있어요.

READY

중간 크기 감자 1개, 빵가루 1스푼, 버터 0.5스푼, 마늘 2쪽, 양파 0.25개, 베이컨 1장, 치킨스톡 0.25개(생략 가능), 생크림 또는 우유 0.25컵, 물 0.3컵, 소금 한 꼬집, 후추 한 꼬집, 파르미지아노 레지아노 또는 그라파다노 등 하드 계열 치즈

MAKE IT

1. 감자, 베이컨, 양파는 1cm 크기로 깍뚝 썰고
2. 마늘은 얇게 편 썰어서
3. 식용유를 두른 프라이팬에 마늘, 베이컨, 감자, 양파 순서로 볶고
4. 베이컨은 익으면 따로 꺼내어두고
5. 감자와 양파가 투명해지면 물과 치킨스톡을 넣고 끓이다가
6. 감자가 익으면 생크림과 베이컨을 다시 넣고 끓여서
7. 치즈를 얇게 갈아 넣고 되직해지면 그릇에 옮겨 담은 후
8. 프라이팬에서 버터와 빵가루를 살짝 볶아 그라탕 위에 얹으면 끝!

닭고기 볶음 우동

매주 수요일이면 동네 아파트 샛길을 따라 수요장이 들어서
요. 엄마 손에 매달려 색색의 솜사탕을 가리키는 꼬마 아가씨
부터 틈틈이 땀 훔치며 고소한 돈까스를 튀기는 청년 장사꾼
까지, 일주일 중 유일하게 온 동네에 생기가 돌아요.

일 년 넘게 다닥다닥 붙어 살면서도 옆집에 누가 사는지 알 수
없는 삭막한 오피스텔 옆에 동네 장이라니. 처음에는 이상하
다 싶었지만, 언제부턴가 어색함보다는 묘한 반가움이 더 드
는 것 같답니다. 이럴 때 아니면 언제 사람 구경할까 싶기도 하
고 말이죠.

그래서 수요일이면 사람 온기가 그리워 습관처럼 장터에 발을
딛게 되어요. 언제나 그렇듯 갓 튀긴 매콤한 어묵 핫바를 베어
물며 샛길 따라 길게 줄지어 선 천막을 둘러보고요. 그러다보
면 그 길 끄트머리에 야채 파는 천막이 나오지요. 어머니와 젊
은 형제 세 명이 의기투합하여 운영하는 곳인데, 늘 싱싱한 나
물, 채소류가 저렴해서 애용하는 곳이에요. 오늘도 뭐가 들어
왔나 흥얼거리며 천막 안으로 들어갔더니 평소 못 보던 커다

싱싱하고 깨끗하게 손질된 숙주를 보면

그냥 지나칠 수 없어요.

그 순간엔 제가 혼밥 생활자라는 걸 잊어버리곤 해요.

란 봉지 더미가 눈길을 끌었어요. 크기가 제 머리의 두 배는 되어 보이는 투명한 봉지 속에 깨끗이 손질된 숙주가 들어 있었어요. 워낙 깨끗하고 싱싱해 보여서 한 봉지 사갈까 잠시 망설이는데, 그 앞에 종이 팻말이 눈에 들어오지 뭐예요. '숙주, 한 봉지에 1,000원.' 어머, 이건 사야 해!

기분 좋게 숙주 한 봉지와 손두부 한 모를 사 들고 집으로 돌아왔는데, 아이쿠. 집에 와서 보니 이 많은 숙주를 어떻게 해야 하나 슬슬 걱정이 되더라고요.

'밥 없이 숙주를 많이 먹을 수 있는 메뉴로 무엇이 있을까, 오코노미야키를 만들어볼까? 아니야, 밀가루 반죽 때문에 정작 숙주는 먹기도 전에 배가 부를 거야.'

숙주를 소비하기 위한 꼼수로 머릿속이 복잡해지기 시작했지요. 결국 볶아 먹는 게 가장 간단하면서도 많이 먹을 수 있는 방법이겠다 싶어 냉장고 문을 여니 그저께 먹다 남은 닭가슴살 한 쪽이 눈에 들어왔어요. 거기에 유통기한이 얼마 남지 않

 은 우동사리를 넣어 함께 처리하기로 했지요.

김이 모락모락 나는 접시 위의 숙주 더미를 바라보는 것만으로도 속이 든든해져요. 한 젓가락 듬뿍 집어 입안 가득 욱여넣으면 청양고추의 알싸함과 달콤 짭조름한 굴소스가 쫄깃한 우동면을 품어준답니다. 거기에 아삭하게 씹히는 숙주까지!

삼백 원 채 안 될 숙주 한 줌에 이렇게 맛있고 배부르게 한 끼를 먹을 수 있구나 싶을 거예요. 그야말로 저렴하지만 속 든든한, 참 착한 접시였어요.

높은 물가에 속상한 날에는 숙주의 따뜻한 위로 한 줌을 받아보세요. 닭고기 볶음 우동 한 접시에 금세 기분 좋아지는 걸 느낄 수 있을 거예요.

READY 마늘 2쪽, 대파 10cm, 닭가슴살 1쪽 80g, 우동면 0.5개(100g), 청양고추 0.5개,
숙주 2.5컵(한 줌), 굴소스 2.5스푼, 물 1스푼, 식용유 2스푼

MAKE IT
1. 닭가슴살은 한입 크기, 대파는 얇게, 마늘은 편 썰어 준비하고
2. 식용유를 두른 프라이팬에서 마늘과 닭가슴살을 볶고
3. 끓는 물에 우동면을 데치고
4. 닭가슴살의 핏기가 사라지면 우동면, 청양고추, 숙주, 굴소스를 넣고 볶아
5. 완성된 요리를 접시에 옮기고
6. 기호에 따라 그 위에 살짝 볶은 숙주와 파를 더 얹으면 끝.

TIPS
❖ 우동면 대신 밥 위에 얹어 덮밥으로 먹어도 맛있어요!
❖ 닭가슴살 대신 달걀을 풀어 넣어도 좋아요!

페스토 파스타

어릴 적 즐겨봤던 디즈니 만화의 사랑은 언제나 해피엔딩이었어요. 그래서 사랑이란 늘 영원하고 아름답기만 할 거라는 환상이 있었죠. 그러다가 문득 왜 디즈니 로맨스의 엔딩은 늘 사랑의 확인 단계에서 끝나는지 궁금해졌어요. 분명 그 결실을 본 후에 더 긴 시간을 함께하게 될 텐데, 왜 늘 그다음 이야기는 한 줄로 끝나는 걸까, 하고 말이죠.

그 답은 성인이 되어서야 알 수 있었어요. 갖은 역경을 딛고 이루어진 마냥 특별해 보이던 디즈니 속 사랑도 세월이 지나며 점차 우리네 현실과 별다를 것 없는, 그저 평범한 일상이 되어간다는 것을 말이에요.

아무리 뜨겁고 특별하게 느껴지는 사랑이라도 언젠가는 익숙해지고, 그 익숙함이 당연해지는 순간이 오더라고요. 연애 초반의 설렘과 흥분은 어느새 가라앉고, 이 사람과 함께라면 언제나 특별하게 느껴지던 것들이 점차 평범하게 보이기 시작해요. 선물 같던 사랑이, 특별하던 사람이 당연한 일상이 되어 단조롭고 권태롭다고 여겨지기도 할 테죠.

신선함과 짜릿한 흥분을 갈구하다가 새로운 사랑을 찾을 수도 있을 거예요. 하지만 신선함을 향한 충동이었던 거라면 곧 단조로움과 지겨움으로 뒤범벅된 지난날이 그리워질 거고요. 그때 깨닫겠죠. 사랑을 통해 겪는 모든 처음은 딱 한 번뿐이라는 걸요.

미지근해진다는 건 최적의 온도를 찾아간다는 뜻일지도 모르겠어요. 지금 이 환경에서 가장 안정적으로 오래 머물 수 있는 온도 말이죠. 뜨거운 물도 차가운 물도 가만히 두면 자연히 미지근해지듯, 이 감동이 더 천천히 지나가도록, 더 오랜 시간 곁에서 함께할 수 있도록 우리 스스로 감정의 온도를 조절하는 건 아닐까요?

페스토 파스타는 사람이 익숙해지는 순간을 기억하면서 만든 미지근한 한 접시예요. 뜨겁게 익힌 카펠리니를 차갑게 식혀 미지근한 소스에 버무린, 정열적이지 않은 파스타죠.

하지만 식어도 여전히 파스타이고, 미지근해진 온도 덕분에 페스토소스의 향이 더 은은해져서 맛있어요. 뜨겁든 차갑든 아니면 미지근하든, 사랑은 여전히 사랑인 것처럼.

READY

다진 아몬드 1스푼, 흰다리새우 2마리, 버터 2/3스푼 또는 식용유, 카펠리니
100원짜리 동전 크기만큼 한 줌(70g), 소금 한 꼬집, 후추 한 꼬집, 파르미지아노
레지아노 또는 그라파다노 등 하드 계열 치즈 약간
소스 재료 올리브유 2스푼, 바질페스토 2.5스푼

MAKE IT

1. 냄비에 물 5컵과 소금 1스푼을 끓여 카펠리니를 삶고
2. 찬물에 헹군 카펠리니는 물기를 빼고
3. 아몬드는 굵게 다지고
4. 새우는 껍데기를 벗겨 버터를 두른 프라이팬에 굽고
5. 볼에 카펠리니와 소스, 올리브유, 아몬드를 넣고 버무린 후
6. 그릇에 카펠리니를 담고 그 위에 새우와 치즈를 얇게 깎아 올리면 끝!

TIPS

❖ 바질페스토가 없다면 63쪽의 홈메이드 바질페스토를 참고하세요!
❖ 카펠리니를 삶는 시간은 제품별로 상이하기 때문에 제품 포장지에 적혀 있는 시간을 꼭
   확인하세요.

삼치 덮밥

일 년이 넘게 매일 물리치료를 받으러 다니고 있어요. 화방에 다녀오는 길에 교통사고를 당해서 왼팔 인대가 손상되었거든요. 다행히 완치 가능한 부상이지만, 팔을 늘 사용해서 그런지 회복이 꽤 더딘 것 같아요. 그래서 시간이 날 때마다 회사 사무실 맞은편의 신경외과로 쫄래쫄래 걸어가고는 하지요.

토요일에는 병원이 일찍 문을 닫아서 보통 정오쯤 치료를 받으러 가요. 아무래도 점심 때이다보니 병원을 나설 때면 배가 고파서 병원 주변을 배회하며 오늘의 식당을 찾지요.

지금 자주 가는 동네 초밥집을 처음 발견했던 것도 그럴 때였어요. 병원 주변에는 보통 저녁에만 문을 여는 술집이나 고기구이집이 대다수라 밥집을 찾아 샛길을 따라 걷는데, 빼곡한 빌라 사이로 이질적인 가게 하나가 보이더라고요. 골목 사이에 있는 데다가 외관도 꼭 일본 가정집 같이 생겨서 가게 앞의 메뉴판이 아니었으면 몇 번은 지나쳤을 거예요.

제발 맛있는 곳이길 바라며 메뉴판에 적힌 상호명을 검색했는데, 마침 며칠 전 다른 가게에서 괜찮다고 추천해준 초밥집이

더라고요. 저렴한 가격에 맛도 괜찮다길래 가봐야겠다고 생각했던 곳이라 망설임 없이 가게 안으로 들어갔답니다.

생긴 지 얼마 되지 않아 보이던 가게는 카운터를 빙 둘러싼 의자 열 개가 자리의 전부인 작은 집이었어요. 특선 오마카세 메뉴 하나만 있고 일본에서 요리를 연마했다는 젊은 주인장이 매일 신선한 재료를 손질해 재량껏 내어준다고 해요.

인원 수를 말하고 새콤한 샐러드로 입맛을 돋구니 곧 홍초로 간을 한 밥 샤리에 다양한 생선 네타을 얹은 초밥이 하나씩 나왔어요.

슬슬 배가 차온다 싶을 즈음 눈앞에 조용히 하얀 김을 내뿜는 삼치구이가 놓였습니다. 바삭한 껍질에 감탄하며 살을 발라 그 위에 무조림을 얹었지요. 한입 넣자마자 곧 고소한 삼치 껍질과 담백하고 부드러운 그 속살, 그리고 달짝지근한 무조림이 한데 어우러져 기분 좋은 탄성이 절로 나왔어요.

특히나 삼치 위의 그 무조림 맛이 어찌나 인상적이던지. 접시를 비우자마자 주인장에게 도대체 어떻게 해야 이런 맛이 나느냐며 감탄했답니다. 이후 이 삼치구이에 빠져 많게는 일주일에 두 번까지도 즐겨 찾는 동네 단골이 되었지요.

덕분에 전에는 거들떠보지도 않던 삼치를 가끔 장바구니에 넣고는 해요. 혹시 내가 만들어도 맛있지 않을까 하는 기대감에 말이죠.

이번에 소개할 삼치 덮밥은 그런 마음으로 만들게 된 도시락 메뉴랍니다. 단골 초밥집의 삼치구이와는 맛이 다르지만, 식어도 비리지 않고 맛있게 먹을 수 있도록 손쉬운 혼밥 레시피를 정성껏 준비해봤어요. 일반 무조림과는 다르게 미리 갈아서 양념에 졸이기 때문에 조리 시간이 길지 않다는 장점이 있답니다.

허기가 지고 바람 거센 날에는 언제 찾아도 편안하고 반가운 삼치 덮밥 한 그릇으로 온기를 느껴보세요.

큰 기대 없이 들어간 낯선 식당에서

인생의 맛을 만난 것 같은 경험을 해본 적이 있나요?

READY

무 손가락 마디 길이 1토막, 순살 삼치 1토막, 쌀뜨물 2.5컵 또는 물 2컵, 식초 2스푼, 전분 1스푼(생략 가능), 식용유 1스푼, 종이 포일
양념 재료 간장 2스푼, 맛술 1스푼 또는 청주 1스푼+설탕 0.5스푼, 설탕 0.5스푼, 다시마물 0.5컵, 청주 1스푼

MAKE IT

1. 삼치는 쌀뜨물에 10분간 담그고
2. 강판이나 믹서기로 간 무는 양념 재료와 함께 냄비에서 약불로 졸이고
3. 삼치는 물기를 제거해서 앞뒤로 전분을 얇게 바르고
4. 프라이팬에 종이 포일을 깔아 식용유를 두르고
5. 껍질부터 중불로 7분, 뒤집어서 3분간 익힌 뒤
6. 밥 위에 삼치구이와 무를 얹으면 끝.

TIPS

❖ 삼치는 마트에 파는 전자레인지용 삼치구이를 사용하면 훨씬 편해요.
❖ 생선을 구울 때는 종이 포일로 생선의 앞뒤를 모두 감싸 뚜껑으로 프라이팬을 덮으면 비린내가 줄어들어요.
❖ 도시락으로 싸갈 때는 밥과 삼치구이가 충분히 식힌 후에 뚜껑을 닫아야 상하지 않아요.
❖ 삼치를 구운 프라이팬은 식초 1스푼을 두르고 씻어내면 비린내가 남지 않아요.
❖ 무는 잎에 가까운 푸른 부분을 사용해야 단맛이 강해져요.
❖ 전분을 입힐 때는 비닐봉지에 전분가루와 삼치를 함께 넣어 살짝 흔들면 얇고 손쉽게 전분 옷을 입힐 수 있어요.

헐리슬리와 리콧 크럼블리

미국에서 가장 좋았던 문화가 무엇이냐고 묻는다면 망설임 없이 당연 포트럭Potluck을 꼽을 거예요. 포트럭은 초대받은 손님들이 각기 음식 한 가지씩을 준비해와서 다함께 즐기는 캐주얼한 식사 방식이에요. 호스트는 메뉴 걱정을 하지 않아도 되어 좋고 초대받은 손님은 다양한 음식을 즐기면서도 호스트에게 미안함을 가지지 않아도 되는 점이 상당히 매력적이죠. 특히 술을 마시지 않는 사람들도 눈치 보지 않고 함께 즐길 수 있다는 점도 큰 장점이고요.

시카고에 살 적에는 주말마다 포트럭 형식의 친목 파티가 잦았어요. 워낙 크고 이방인이 많은 도시이다보니 포트럭에서도 그 다양한 문화가 한눈에 보였지요.

그중에서도 특히 기억에 남는 포트럭은 친구의 지인 부부가 생일을 맞아 외국인 친구들을 초대한 자리였어요. 손님 수십 명이 집 곳곳에 바글거리는 가운데 향이 진한 남아공식 소뼈 찜부터 영국의 피시 앤드 칩스까지. 긴 대리석 식탁 위로 다양한 음식이 넘쳐나지 뭐예요! 세계 곳곳의 독특한 향토 음식을 한곳에서 맛볼 수 있다니, 식탐 많은 저로서는 어찌나 행복했는지 몰라요.

여러 음식 중에서도 가장 인상 깊었던 음식은 헝가리의 헐라슬리Halászlé 였어요. 헐라슬리는 크리스마스 시즌에 먹는 헝가리 전통 음식이랍니다. 세게드와 바하 지방에서 특히 유명한 헝가리식 생선 스프예요. 매운탕과 비슷해 보이지만, 그 이국적인 향 때문에 선뜻 손이 가지 않았어요.

게다가 아기자기한 식기 사이에 떡하니 자리 잡은 서양식 전기밥솥 슬로 쿠커라니. 그 커다란 덩치며 외관이 얼마나 이질적이던지. 슬로 쿠커에 투박하게 담긴 헐라슬리가 준 첫인상은 꼭 영화에 나오는 마녀의 항아리에 담긴 마법 수프 같았답니다.

그 새빨간 국물과 이국적인 향이 낯설어 섣불리 그릇에 담지 못하고 고민하던 차. 아뿔싸, 헐라슬리를 만들어왔다는 헝가리 사람에게 붙들려 결국 헐라슬리 한 그릇을 받아왔지요. 일단 퍼 왔으니 먹기는 해야겠다 싶어 애써 소심하게 한입 떠 넣었는데, 이게 웬걸. 세상에 이렇게 맛있는 스튜가 있을 줄이야! 쫀득한 수제비와 부드러운 생선 살, 매콤한 토마토 국물과 훈제 파프리카 향까지. 추위를 뚫고 온 보람이 있다는 생각이 절로 나지 뭐예요. 어찌나 맛있던지 감탄하며 또 한 그릇 듬뿍 떠다 먹은 기억이 나요.

시카고의 추운 겨울에 맛보았던 그 따뜻한 헐라슬리 한 그릇은 수 년이 지난 지금까지도 가끔 생각나고는 해요. 어쩌면 각자의 고향을 떠나온 사람들이 낯선 땅에서 모여 함께 열꽃을 피우던 지난 추억의 맛이 마음에 남았는지도 모르겠어요.

우연히 먹게 된 다른 나라의 전통 요리에서
위로를 받았어요.
헝가리의 헐라슬리와
라콧 크럼플리를 소개합니다.

헐라슬리와 곁들여 먹는 음식이 있어요. 라콧 크럼플리Rakott Krumpli 라는 감자 요리예요. 한식으로 치면 떡만큼이나 오랜 시간 헝가리 사람들에게 사랑받아온 국민 간식이라고 해요. 굴라쉬를 만든 헝가리 손님이 굴라쉬와 함께 준비해 온 메뉴인데, 생전 처음 들어보는 낯선 이름과 사워크림에서 나는 이국적인 동유럽의 향이 인상적이었답니다.

충충이 다른 식감, 소시지의 짭짤함, 감자와 달걀의 고소함, 사워크림의 시큼함이 절묘하게 어우러져 질리지 않고 계속 먹을 수 있었지요. 특히 정말 간단한 재료로 손쉽게 만들 수 있다는 점에서 왜 오랜 시간 헝가리인들이 라콧 크럼플리를 사랑해왔는지 이해할 수 있었답니다.

그 따뜻함을 소개해요. '어부의 스튜'라고 불리는 헐라슬리와 곁들임 요리 라콧크럼플리입니다.

헐라슬리

READY	우럭, 잉어, 메기 중 1마리, 양파 0.5개, 다진 마늘 0.5스푼, 소금 한 꼬집, 후추 한 꼬집, 큰 토마토 1개 또는 토마토 페이스트 2스푼, 파프리카가루 1.5스푼 또는 고운 고춧가루, 홍피망 1개, 물 5컵

MAKE IT

1. 생선은 취향대로 먹기 좋게 손질해서 냉장고에 넣어두고
2. 피망은 2등분, 양파는 잘게 다지고
3. 식용유를 두른 냄비에 양파를 볶다가 투명해지면 찬물을 넣고
4. 생선 대가리와 꼬리, 큰 뼈를 넣고 파프리카가루 1스푼, 홍피망, 소금을 더해서 20분 정도 끓이고
5. 생선 대가리와 꼬리, 큰 뼈, 홍피망을 제거하고
6. 믹서나 채로 양파와 뼈에 붙은 생선 살점을 으깨고
7. 생선살과 파프리카가루 0.5스푼, 토마토를 다져 넣은 후
8. 10분 후 소금과 후추로 간하면 끝.

TIPS

❖ 생선은 살을 포를 뜨는 게 먹기 편하지만, 토막만 내어 그대로 사용해도 괜찮아요.

라콧 크럼플리

READY

달걀 2개, 중간 크기 감자 2개, 사워크림, 소시지 60g, 빵가루, 파프리카 가루 또는 고운 고춧가루

MAKE IT

1. 감자와 달걀은 소금 1스푼을 넣고 삶아
2. 연필 두께로 슬라이스해두고,
3. 팬 바닥과 옆면에 꼼꼼하게 식용유를 바르고,
4. 오븐용 그릇에 감자 – 달걀 – 소시지 – 사워크림 – 파프리카가루 순서를 반복해서 꼼꼼히 깔고,
5. 맨 위에 사워크림과 빵가루를 얹어 오븐에서 170℃로 15분간 노릇하게 굽고
6. 먹기 직전에 파프리카가루를 살짝 뿌려주면 끝.

TIPS

❖ 베이컨을 넣으면 짠맛이 더해져서 맛있어요!

"위로가 되어준 요리를 기록해보세요,
누구와 함께 먹고 싶나요?"

육수 쉽게 만들기

깊을 맛을 낼 때는 장시간 우려낸 육수가 필요해요. 물론 일반 물로 요리할 수는 있지만 맛에 큰 편차를 보이거든요. 하지만 자취생이 짧게는 1시간, 길게는 반나절 가까이 우려야 하는 육수를 만들고 있을 수는 없는 일. 그래서 이번에는 좀 더 쉽고 간단하게 육수를 낼 수 있는 팁을 소개해드릴게요.

쌀뜨물   01

쌀을 씻을 때 세 번째 물은 작은 페트병에 담아 냉장고에서 보관해보세요. 된장국이나 매운탕처럼 양념이나 재료의 향이 강한 요리를 좀 더 깊고 부드럽게 해준답니다.

멸치와 다시마가루   02

기름기 없는 프라이팬에 멸치를 살짝 볶아 다시마와 2:1 비율로 곱게 갈아 냉동실에 얼려두세요. 육수가 필요할 때마다 살짝 뿌릴 수 있는 집밥표 조미가루랍니다! 가능하다면 마른 새우, 말린 홍합, 게 껍질 등 감칠맛을 내는 재료를 다시마와 동량으로 함께 갈면 훨씬 더 맛있는 해산물 육수용 마법의 가루가 완성될 거예요.

다시마물   03

첫 장에서 소개했듯 평상시에 물 5컵(1L)에 손바닥만 한 다시마 2~3장을 넣고 냉장실에 보관하면 언제든 다시마 육수는 준비 완료! 필요한 양만큼 덜어 쓰고 사용한 만큼 물을 채워 넣어요. 다시마에서 색이 우러나지 않으면 교체할 시간이라는 점, 잊지 마세요.

야채 육수는 뜨거운 물로   **04**

채수는 최대한 야채를 잘게 썰고 끓는 물로 끓여야 단시간에 재료의 맛이 더 깊게 우러나요. 끓는 물을 부어 10~15분만 끓여주면 끝!

압력솥   **05**

설렁탕처럼 진한 육수가 필요하다면 압력솥을 이용해보세요. 시간을 절반 이상 단축시켜준답니다.

레토르트 사골 국물   **06**

혼자 살면서 압력솥을 두고 쓰기란 쉽지 않죠. 대신 간단하게 마트나 편의점표 사골이나 설렁탕 국물을 물과 1:1 비율로 섞어요. 오랜 시간 끓인 맛을 낼 수 있어요.

약식 쇠고기 육수   **07**

단시간에 맑은 쇠고기 육수를 만들 수는 없을까요? 소량의 육수가 필요할 때는 쇠고기를 양념해서 볶는 것만으로도 충분히 깊은 맛이 난답니다. 아래 방법을 따라해보세요.

READY   쇠고기 60g, 물 2컵, 다진 마늘 1스푼, 국간장 1스푼, 청주 1스푼

MAKE IT

1. 쇠고기는 한입 크기로 손질해서
2. 키친타올로 눌러 핏기를 제거하고
3. 다진 마늘, 국간장, 청주, 후춧가루, 참기름, 생강즙을 넣어 쇠고기를 양념하고
4. 냄비에 쇠고기를 볶다가 핏기가 사라지면 물을 부어 센 불에서 끓이다가
5. 물이 끓으면 중불로 줄인 후 거품을 걷어내고 10분 더 끓이면 끝.

TITLE : 나를 위한
성찬
5

대추를 품은 베이컨 돼지 소시지 볼

추억의 힘은 강해요. 그리고 그 속의 음식은 언제나 감동으로 기억되고는 하지요.

아베크는 시카고 다운타운 외곽에 위치한 작은 프렌치 식당이에요. 혼자 가는 손님을 위한 바 형태의 테이블이 있고 든든하게 한 끼를 먹을 수 있다고 해서 가보고 싶었지요.

식당 안은 시끌벅적했어요. 저녁 시간이기 때문인지 주방 앞의 바 좌석이며 뒤에 다닥다닥 붙어 있는 이 인용 테이블에는 이미 손님들이 빼곡하게 앉아 있었지요. 다행히 입구 쪽 바에 자리가 남아 있어서 오래 기다리지 않고 앉을 수 있었어요.

식당은 사방이 목재로 둘러싸여 직사각형 통나무집을 연상하게 했어요. 식당 입구에서 시작되는 긴 철제 바 때문에 식당은 세련되면서도 편안한 느낌이 물씬 났고요. 재미있는 점은 그 기다란 바 자리마다 똑같은 음식이 하나씩 놓여 있었다는 거예요. 바로 제가 아베크를 찾은 이유이기도 한 그곳의 주력 메뉴 'Chorizo-Stuffed Medjool Dates with Smoked Bacon and Piquillo Pepper-Tomato Sauce'였지요. 말 그대로 무심하게 자른 치아바타와 함께 나오는 스페인 고추 토마토소스에 다진 초리조를 채워 베이컨으로 감싼 대추야자 요리랍니다. 긴 이름만큼이나 푸짐하면서도 맛있지만, 일 인분은 우리나라 돈으로 구천 원 정도라서 이 식당의 인기 메뉴였답니다.

그렇게 주문을 하고 가게 분위기에 취해 있는데 갑자기 어머니 또래로 보이는 여자 손님이 제게 말을 걸었어요. 제 옆에 앉아 있던 그녀는 자신이 생각 없이 음식을 너무 많이 시킨 것 같다고, 괜찮다면 자신의 해산물 파스타를 두 접시로 나누어 먹지 않겠느냐고 하더라고요.

그렇게 앨런과의 대화가 시작 되었어요. 앨런은 미네아폴리스에 살고, 광고 디자이너라고 했어요. 시카고에 출장을 오던 중 비행기 잡지에서 이 식당 소개를 읽게 되었다고 했어요.

식사 내내 이런저런 음식과 사는 이야기를 하며 느꼈어요.

'아, 나는 이 도시를 좋아하게 되겠구나.'

재미있게도, 아직 낯설지만 곧 집이 될, 이 거대한 도시 안의 작은 식당에 앉아 처음 보는 어머니뻘의 여성과 함께 식사를 하고 있는 이 상황이 왠지 모르게 따뜻하다는 느낌을 주었거든요.

낯선 땅에서 처음 보는 어머니뻘의

여성과 함께한 식사가 위로가 되어준 적이 있어요.

그날의 한 그릇을 소개합니다.

제 추억의 힘이

여러분께 전해지길 바라요.

아베크의 시끌벅적한 분위기는 식사 시간 내내 제 마음 속 소음을 차단해줬고, 무심한 듯 친절한 스탭들은 눈치 보느라 곤두서 있던 신경을 쉬게 해주었으며, 옆자리 낯선 손님과의 식사는 도시의 환영처럼 느껴졌어요.

아직까지도 그날 먹었던 대추야자 요리를 한없이 따뜻하게 기억하고 있어요. 마음이 무겁고 외로울 때 종종 생각나는, 내 '영혼을 채워주는 치킨 누들 스프' 같은 존재가 된 거죠. 아직도 가끔 시카고에 갈 일이 있으면 종종 아베크에 들러서 시켜 먹는 요리이기도 하고요.

이번에는 추억의 맛을 소개하려고 해요. 물론 우리 냉장고에는 초리조나 대추야자가 없을 수 있으니 대추를 이용한 집밥표 레시피로 함께할게요.

대추를 품은 베이컨 돼지 소시지 볼. 이 한 접시로 제 추억의 힘이 여러분께도 전해지길 바라요.

READY

베이컨 3장, 간 돼지고기 6스푼(50g), 다진 마늘 1스푼, 다진 파 1스푼,
밀가루 1스푼, 대추 3알, 소금 0.3스푼, 후추 한 꼬집, 식용유 1스푼, 물 2스푼,
파르미지아노 레지아노 또는 그라파다노 등 하드 계열 치즈나 치즈가루
소스 재료 식용유 0.5스푼, 청양고추 0.5개, 토마토 페이스트 2.5스푼, 물 0.25컵,
파프리카가루 1스푼(생략 가능)

MAKE IT

1. 칼집을 낸 청양고추와 토마토 페이스트는 식용유를 두른 프라이팬에 살짝
   볶은 후
2. 물과 파프리카가루를 넣고 한소끔 끓여 접시에 넓게 깔고
3. 파와 마늘은 곱게 다져 돼지고기, 소금, 후추, 밀가루와 함께 찰기가 생길
   때까지 치대고
4. 씨를 제거한 대추 겉과 속에 고기소를 꾹꾹 채워 볼 형태로 만들고
5. 베이컨으로 돼지 소시지 볼을 감싼 후
6. 식용유를 두른 팬에서 중불로 굽다가 겉면이 익으면 약불로 줄이고
7. 물 2스푼을 넣어 뚜껑을 덮고 6분간 더 익힌 후
8. 소스 위에 얹고, 그 위에 치즈나 파슬리를 뿌리면 끝.

TIPS

❖ 베이컨으로 돼지 소시지 볼을 감쌀 때, 모양이 잘 잡히지 않는다면 랩으로 다시 한 번
   감싸 냉장실에서 살짝 굳혀요.
❖ 치아바타 빵 1조각을 곁들이면 든든한 한 끼 식사 완성!

주머니 크레페

베이킹을 시작하면서 가장 많이 실패했던 메뉴는 의외로 생크림 케이크 안에 들어가는 빵, 제누와즈였어요. 마카롱이나 밀푀유처럼 복잡한 디저트는 한두 번 만에 성공했는데, 이상하리만큼 제누와즈는 포슬포슬한 식감을 살리는 횟수에 성공보다 실패가 훨씬 많았어요.

하다못해 제누와즈와 비슷한 느낌의 카스텔라는 쉽게 만드는데, 제누와즈는 몇 년 동안이나 자신이 없었죠. 지금 돌아보면 달걀 사용법을 제대로 몰랐기 때문이에요. 아무래도 누구 한 명 가르쳐주는 사람이 없다보니 오래도록 왜 실패만 하는지 이유를 알지 못했어요.

하지만 이런 꽝 손으로도 실패 없이 만들 수 있었던 케이크가 하나 있었답니다. 바로 크레페 케이크예요. 크레페 케이크는 프랑스식 밀가루 버터 반죽을 얇게 굽고 크림과 번갈아가며 겹겹이 쌓아 만든 디저트입니다. 크레페와 크림이 층층이 쌓여 생긴 단면이 화려해서 많은 여성이 반하는 디저트 메뉴 중 하나예요.

재료가 단출해서 크레페만 구워두면 대단한 손재주 없이도 누구나 예쁘게 만들 수 있지요. 크레페 케이크를 워낙 자주 만들다보니 크레페 굽는 솜씨가 꽤 늘었던 것 같기도 해요.

하지만 이 케이크의 단점은 역시 일일이 크레페를 스무 장 이상 구워야 한다는 거예요. 오븐에 넣어두고 다른 일을 할 수 있는 제누와즈와는 달리 불 앞에 서서 한 장 한 장 크레페를 구워내야 한답니다.

그래서 종종 서너 장 굽고 나면 귀찮아서 그만둘 때도 있어요. 그럴 때면 오렌지소스에 흠뻑 적신 크레페 수제트 Crepes Suzette 를 만들거나 크레페 주머니를 만들고는 해요.

특히 크레페 주머니는 잘 구운 크레페 한 장 안에 동그랗게 자른 카스텔라나 편의점표 빵을 놓고, 그 위에 생크림을 듬뿍 얹어 주머니 모양으로 잘 오므리면 끝이랍니다.

봉손으로도 실패 없이 만들 수 있었던

케이크가 하나 있었답니다.

바로 크레페 케이크예요.

제일 처음 크레페 주머니를 만든 날은 게일스버그에서의 일요일 아침이었어요.

주말이라는 해방감에 힘을 잔뜩 준 예쁜 크레페 케이크를 해 먹어야지 생각하고 있었는데, 정작 몇 장 굽고 나니 반죽이 모자라서 새로 반죽을 만들어야겠더라고요. 다시 밀가루를 채칠 생각만으로도 귀찮음이 몰려왔어요. 그래서 이미 만들어둔 크레페를 예쁘게 장식해서 먹기로 마음을 바꿨습니다.

동그랗게 펼친 크레페 속에 생크림과 잼만 잔뜩 넣어서 복주머니 모양으로 만들어 담고, 흰 접시 위에 과일 잼과 딸기를 더해 장식했더니 카메라를 부르는 예쁜 디저트 한 접시가 완성되었지 뭐예요. 맛이야 당연히 늘 먹는 재료를 다르게만 담은 셈이니 이미 잘 아는, 부드럽고 달고, 근심을 저 멀리 밀어내버리는 행복한 맛이었고요.

매일 먹는 익숙한 음식이지만 담음새를 바꾸는 것만으로도 이렇게 완전히 새롭고 특별한 요리처럼 느껴질 때가 있어요. 크레페 주머니는 그 마법의 힘을 살짝 빌려 평소 우리가 알고 있는 디저트 크레페의 맛에 살짝 변화를 준 메뉴랍니다.

이번 주말에는 크레페 주머니로 익숙한 맛도 조금 더 재미있게 즐겨보세요! 재미라는 양념이 더해져서 색다르게 느껴질 거예요.

READY
달걀 1개, 우유 1컵, 소금 0.25스푼, 설탕 2스푼, 밀가루 1컵, 버터 1스푼, 과일 잼 1스푼, 마트표 치즈 케이크 빵 또는 카스텔라 1개, 아몬드 슬라이스 1스푼, 슈거 파우더 또는 흰설탕 1스푼

MAKE IT
1. 생크림은 설탕을 넣어 단단하게 거품을 내서 차갑게 보관하고
2. 크레페에 넣을 빵을 동그랗게 자르고
3. 달걀, 우유, 소금, 설탕을 섞다가 체 친 밀가루를 넣고 가볍게 섞은 후
4. 녹인 버터를 넣고 다시 한 번 반죽을 섞고
5. 프라이팬으로 반죽을 얇고 넓게 부치고
6. 한 김 식힌 크레페 중앙에 차례대로 빵, 과일 잼, 생크림을 얹어
7. 크레페를 오므려 이쑤시개로 고정하고
8. 슈거 파우더와 아몬드를 뿌려 장식하면 끝.

TIPS
❖ 크레페를 구울 때는 약불로 익혀야 타지 않아요.
❖ 이쑤시개 대신 길게 자른 크레페를 둘러 감아 고정하면 더 예뻐요.

갈릭 소보로 새우 파스타

서안에 있을 때 가장 행복했던 건 먹을 게 풍족했기 때문이었어요. 뜨끈한 고기를 찢어서 빵 안에 넣어주는 로우모찌아오肉夹馍 부터 글래스 누들Glass Noodle 이라고 불리는 감자로 만든 토도우펜土豆粉, 매콤한 고기가 소스를 대신하는 서안식 짜장면炸酱面 까지……. 매일 아침 매콤한 고기 전병으로 하루를 시작해서 퇴근 후에는 회사 동료들과 길거리 포차에서 양꼬치에 파인애플 맥주로 끝내던 서안에서의 하루는 먹거리로 가득했던 것 같아요.

기분에 따라 먹는 음식의 종류도 달랐는데, 축하할 일이 있거나 기분이 좋을 때는 달콤한 상해 음식을, 화가 나거나 속상한 일이 있을 때는 마라샹궈나 내장 꼬치가 잔뜩 담긴 훠궈처럼 매운 사천 요리를 잔뜩 먹고는 했답니다.

아무래도 일을 하고 있다보니 자연스럽게 상해 음식보다는 사천 음식을 찾는 빈도가 훨씬 높았어요. 생각해보니 제가 사천 음식을 자주 먹던 탓에 함께 다니는 영중 통역관은 꽤나 버거워하는 눈치였던 것 같기도 해요.

사천 음식 중에서도 특히 제가 자주 먹었던 메뉴는 튀긴 다진 마늘과 고추가 언덕처럼 쌓여 있고, 그 속에 불그스름한 대하가 파묻혀 있던 새우 요리예요. 껍데기째 씹어 먹어도 될 정도로 바삭하게 튀겨진 새우를 먹고서 소보로처럼 잔뜩 쌓인 알싸한 마늘 플레이크와 고추 몇 조각을 달걀 볶음밥 위에 얹어 먹으면, 이게 새우 요리인지 마늘 요리인지 모를 정도로 고소하고 맛있답니다.

시도는 못 해봤지만 감자로 만든 면 위에 얹어 먹어도 참 맛있을 것 같다며 중국인 동료들에게 동의를 구하고는 했지요. 그래서 그때의 아쉬움을 스파게티 면에 담아보았어요.

갈릭 소보로 새우 파스타는 다진 마늘, 청양고추, 빵가루를 바삭하게 볶아낸 후 구운 새우와 삶은 스파게티 면에 버무려 먹는 중국식 파스타예요.

중국에서 먹었던 마늘 새우 요리에서는 마늘을 건조한 뒤 다시 한 번 튀겨내었지만, 집에서는 너무 번거로우니까 빵가루로 그 식감을 대신했어요. 고소한 마늘 빵가루와 새우 중간중간에 매콤한 고추가 씹혀서 느끼하지 않게 스파게티를 먹을 수 있답니다.

특히 소스를 대신하는 마늘 빵가루는 면 대신 달걀 볶음밥에 곁들여도 될 정도로 한국인의 입맛에 잘 맞는답니다.

복잡할 것 같지만 면을 삶고 소스를 따로 만드는 다른 파스타와 별다를 것 없기 때문에 매콤한 면이 끌릴 때 꼭 만들어보세요. 갈릭 소보로 새우 파스타입니다.

기분에 따라 먹고 싶은 음식이 다르죠?

특히 매운맛이 당기는 날 제격인 파스타를 소개해드릴게요.

READY

빵가루 2/3컵, 소금 0.3스푼, 다진 마늘 3스푼, 청양고추 0.5개, 흰다리 새우 5마리, 스파게티 면 100원짜리 동전 크기만큼, 올리브유 1스푼, 식용유 0.5컵, 후추 한 꼬집, 물 5컵, 소금 1스푼, 전분 또는 밀가루 3스푼

MAKE IT

1. 새우는 꼬리의 물총을 제거한 뒤 얇게 전분을 바르고
2. 고추는 얇게 썰고, 다진 마늘은 빵가루에 버무리고
3. 냄비에 물과 소금 1스푼을 넣고 끓이다가
4. 물이 끓으면 스파게티를 넣어 익히고
5. 익은 스파게티는 올리브유에 버무리고
6. 새우는 식용유를 두른 프라이팬에서 색이 변할 때까지만 구워 꺼내고
7. 같은 프라이팬으로 빵가루와 고추를 넣어 볶고
8. 빵가루 색이 변하면 소금 0.3스푼과 후추를 뿌린 후
9. 새우와 함께 스파게티 위에 얹으면 끝.

TIPS

❖ 먹기 직전에 빵가루와 스파게티를 잘 버무려요.
❖ 스파게티가 익는 동안 새우를 굽고 빵가루를 볶으면 시간이 절약된답니다.

가지 리소토

세일하는 세 개들이 가지 한 봉지를 충동구매했었다는 이야기, 기억하시나요? 일주일 동안 하나는 가지 라자냐, 다른 하나는 가지튀김을 해 먹었는데 덩그러니 남은 하나는 어떻게 처리해야 할 지 조금 난감하던 차였어요. 가지전을 해 먹을까, 아니면 찜을 해 먹을까? 요리조리 궁리를 하다가도 이왕이면 프라이팬 하나에 그릇 하나로 한번에 끝낼 수 있는 음식이면 좋겠다고 생각했답니다.

냉장고 안 재료도 별다른 것 없이 늘 있는 생크림과 치즈, 우유, 토마토 페이스트, 달걀 정도였어요. 청양고추와 쪽파라도 있었으면 매콤한 양념장을 곁들인 가지밥을 만들었을 텐데 아쉬웠죠.

그때 번뜩 생각났던 메뉴가 바로 가지 리소토였어요. 가지 리소토는 이탈리아식 가지밥이에요!

조금 더 맛있는 리소토를 먹기 위해 냉동실에 얼려둔 다진 쇠고기를 한 주먹 꺼내 전자레인지에서 해동하고, 가지와 양파는 씻어두고, 토마토 페이스트와 빵가루도 꺼냈지요. 리소토용

세일에 눈이 멀어 여러 개 집어 온 가지가

냉장고에 굴러다닐 때에는 리소토를 만들어보세요.

가지튀김과는 또 다른 맛으로 가지를 즐길 수 있을 거예요.

쌀이 없으니 즉석밥을 데우지 않고 준비한 후에 프라이팬까지 꺼냈어요.

그러고는 곧장 기름을 두른 프라이팬에서 양파와 쇠고기를 볶고, 가지, 즉석밥, 토마토소스를 넣어 함께 볶다가 물을 부어 익혔지요. 완성된 리소토 위에 빵가루와 치즈만 갈아 올리니 십오 분만에 리소토 한 접시가 완성되었어요.

가지와 궁합이 좋은 쇠고기를 사용했기 때문에 따로 치킨스톡을 쓰지 않아도 쌀에 깊은 맛이 배어 있고, 거기에 토마토 페이스트의 감칠맛과 양파의 단맛이 더해져 자꾸 입맛이 돌게 되어요.

볶은 빵가루를 더했기 때문에 고소하고 바삭바삭한 식감도 느낄 수 있어 리소토의 흐물흐물한 식감을 싫어하는 사람도 재미있게 먹을 수 있답니다.

READY

가지 0.3개, 쇠고기 다짐육 0.5컵, 토마토 페이스트 2스푼, 빵가루 1스푼, 물 1.5컵, 햇반 0.5개, 양파 0.25개, 굴소스 0.5스푼, 파르미지아노 레지아노 또는 그라파다노 등 하드 계열 치즈나 치즈가루, 버터 또는 식용유 0.5스푼, 식용유 1스푼, 올리브유 0.5스푼

MAKE IT

1. 가지는 비스듬하게 연필 두께로, 양파는 잘게 다지고
2. 프라이팬에 버터를 넣어 빵가루를 볶아두고
3. 같은 프라이팬에 식용유 1스푼을 둘러 양파, 쇠고기, 가지를 순서대로 볶다가
4. 가지가 부드러워지면 토마토 페이스트와 굴소스를 넣어 빠르게 볶고
5. 데우지 않은 햇반을 넣어 뒤섞듯 볶다가
6. 재료가 잘 섞이면 물을 넣고 졸아들도록 중불에서 끓인 뒤
7. 리소토를 접시에 담고 위에 빵가루, 올리브유, 치즈를 뿌리면 끝.

TIPS

❖ 치즈는 가지와 잘 어울리기 때문에 강판으로 듬뿍 갈아 얹어도 짜지 않아요.

게살 롤 샐러드

'어떻게 이렇게 좋은 사람들이 나를 좋아해주고 내 주변에 있게 되었을까?'

가끔 그런 질문을 하게 돼요. 제가 어떤 새로운 시도를 해도 늘 곁에서 묵묵히 응원해주는 사람들이 있어서요. 사람은 제가 노력한다고 얻어지는 게 아니라는 걸 알기 때문에 늘 고마워요.

그 많은 사람 중에 특히 오랜 시간 늘 고맙게 생각하는 사람이 있어요. 지금이야 방송이나 외부 행사를 통해 많은 셰프들과 개인적으로 만날 기회가 많지만, 오 년 전만 해도 요리사의 영역은 상당히 폐쇄적이라 강연이나 방송을 통해서 만날 일이 거의 없었어요. 식당에 자주 가는 단골일지라도 어지간히 오래 봐온 게 아닌 이상 식당을 총괄하는 셰프와 딱히 사담을 나눌 일이 없었지요.

셰프님을 처음 알게 되었던 건 그가 처음 헤드 셰프로 근무하던 T라는 식당에서였어요. 가까운 어른과 점심을 먹으러 갔다가 독창적이고 화려한 메뉴 하나하나에 반했지요. 셰프님이 새로운 레스토랑의 총괄 셰프로 적을 옮기고, 한층 더 화려해진 특색 있는 요리들을 보면서 그 창조성에 더욱 관심이 갔고요.

이후에 수 년간 그의 광팬을 자처하는 미식가의 블로그와 평을 보며 그 요리관에 더욱 매료되어 저런 특색 있는 구루Guru를 좀 더 많은 사람들이 알면 좋겠다는 생각을 했던 것 같아요.

그래서 2011년에 한국에서 나눔 목적의 강연 문화 행사를 기획할 때 가장 먼저 셰프님을 찾아갔지요. 재미있게도 미팅이 시작되고 상당히 짧은 시간 안에 오케이 사인을 받았어요.

요리와는 전혀 접점이 없는 분야의 청년 대상인 데다가 그 당시 유행했던 대규모의 격식 있는 토크쇼와는 반대되는 캐주얼한 행사였는데도요. 사회적으로 어떤 의미가 있는지, 왜 이런 행사를 기획하는지, 자신이 어떤 도움을 줄 수 있는지에 대한 대답만으로 처음 본 어린 학생의 제안에 선뜻 동의를 한 거죠. 자신의 역량 내에서 사회에 봉사할 수 있는 방향을 찾고 있다는 그의 말이 참 오랜 시간 기억에 남았어요.

행사 후 시간이 지나면서 어느덧 저는 성인이 됐고 셰프님과는 손님으로 볼 기회가 더 잦아졌지만, 늘 미안하고 고마운 마음이 자리하고 있어요. 언젠가 생각해보니 늘 도움을 받기만 하고 딱히 제가 감사 표현을 한 적이 없더라고요.

매번 볼 때마다 언젠가 뉴욕에 매장이나 같이 내자는 둥 우스갯소리를 주고받는 게 대화의 대부분이지만, 사실은 마음 깊이 고맙게 생각하고 있어요.

고마운 마음을 전하고 싶은 사람이 있다면

색색이 빛나는 게살 롤 샐러드를 대접해보세요.

특별함을 담기에 좋은 한 접시랍니다.

지금 소개할 게살 롤 샐러드는 이런 고마움을 담아 만든 요리예요. 평소 "눈으로 먼저 먹는다"는 자신의 철학을 담음새로 보여주는 분을 생각하며 만든 요리라, 아마 이 책에 등장하는 한 그릇 중에서도 손에 꼽히게 화려한 모양이 될 것 같아요.

원래의 레시피는 진짜 게살을 사용하고 접시 바닥에 당근과 오이 젤리를 함께 담아 더 화려하답니다. 하지만 게를 삶는 과정이 너무 복잡하기 때문에 간소화해보았어요.

게 대신 게맛살을 사용해서 샐러드를 만들고, 샐러드는 얇게 썬 래디시로 감아 모양을 고정하면서도 색감을 더했답니다.

샐러드의 고소함과 혀끝에 남는 달콤함을 래디시가 깔끔하게 잡아주어 특별한 날에 어울리는 전채이지요.

색색이 빛나는 게살 롤 샐러드로 고마움을 전해보세요. 특별함을 담기에 좋은 한 접시랍니다.

READY

크래미 4개, 레몬즙 1.5스푼, 크림 치즈 1스푼(생략 가능), 다진 사과 0.5컵, 오이 0.5컵, 마요네즈 2스푼, 젤라틴 1장, 생크림 5스푼, 래디시 2.5개, 다진 딜 또는 파슬리 2스푼, 애플 민트 2장

MAKE IT

1. 크래미는 결대로 잘게 찢고
2. 오이와 사과는 다지듯 깍뚝 썰고
3. 크림은 냄비로 끓지 않게 데워 젤라틴을 넣어 녹이고
4. 한 김 식힌 크림은 레몬즙과 크림 치즈, 오이, 사과, 다진 허브, 마요네즈, 게살과 함께 잘 섞어서
5. 래디시는 단면을 감자 필러로 깎아서 랩 위에 빈틈없이 포개어두고
6. 샐러드가 굳기 시작하면 래디시 위에 둥글고 길게 올려둔 뒤
7. 김밥처럼 말아서 냉장고에서 15분 이상 굳히고
8. 양쪽 끝을 칼로 잘라내어 접시 위에 놓고
9. 그 위에 사과와 크림 치즈, 애플 민트 등으로 장식하면 끝.

TIPS

❖ 새우와 레몬제스트(레몬 겉면을 치즈 깎는 그라인더로 깎은 것)를 얹으면 맛과 향이 배가 된답니다!
❖ 크래미 대신 진짜 게살로 만들면 풍미가 더 풍부해져요.

홈스토랑 스타일링

식당에서 마음에 드는 접시나 아기자기한 커트러리를 본 적 있나요? 새하얀 천을 깐 식탁 위의 화사한 센터피스라든지, 전체적으로 어두운 톤의 실내 조명이라든지……. 같은 음식이라도 어디에서 어떻게 먹느냐에 따라 그 맛과 값어치가 다르게 느껴지기 마련이니 당연히 외식이 더 특별할 수밖에요.

하지만 가끔 혼자라도 제대로 차려 먹고 싶을 때는 어떻게 할까요? 음, 제 경험으로는 "그냥 밖에서 먹고 들어오자"였던 것 같아요. 물론 그게 가장 간편하지만, 그래도 꼭 내 손으로 무엇인가를 차려내고 싶을 때가 있잖아요? 그럴 때 필요한 작은 노하우를 소개할게요.

살짝 손을 대는 것만으로도 좀 더 근사하고 신경 쓴 것처럼 보이는 방법이랍니다.

접시는 단색으로   01

접시는 백지나 흑지처럼 무늬가 없는 단색으로 구비해두는 게 활용하기 좋아요. 무늬가 있는 접시는 귀엽지만, 음식으로 가는 시선을 분산시켜서 요리가 눈에 띄지 않는답니다. 저는 보통 흰색과 검은색 접시를 섞어서 사용하는 편이에요. 따뜻한 느낌을 주고 싶을 때는 자연스러운 무광 도자기나 나무 그릇을 사용해요.

식기는 디자인이 생명 02

접시와 커트러리는 디자인 위주로 구매해요. 제가 즐겨 사용하는 식기 중 대다수는 다이소나 남대문 그릇상가 등에서 구매한 공장형 중저가 접시예요.

기본 디자인의 접시는 깨뜨리기 쉽기 때문에 저렴한 제품을 사용하고, 디자인이 독특한 접시 3~4개와 커트러리는 브랜드, 가격 등을 떠나 마음에 드는 제품을 섞어 사용하는 것을 추천해요.

참고로 디자인 접시는 전채와 메인요리를 번갈아 담을 수 있는 3~4인용 크기로 구매하는 게 활용하기 좋아요.

식물을 활용하자 03

접시 옆에 꽃 한 송이나 초록잎 몇 가지 놓여 있는 것만으로도 음식이 화려해질 수 있답니다. 집에서는 잼 유리병에 여러 송이의 꽃을 꽂아두거나 접시 밑에 대각선으로 유칼립투스나 대나무 잎을 깔아두면 한결 화려한 식탁이 완성되어요.

음식에는 세 가지 색을 04

우리 눈은 색에 민감하다고 해요. 아무리 비싸고 맛있는 음식이라도 그 색감에 따라 식욕이 달라지지요. 그래서 요리를 할 때는 꼭 세 가지 색을 사용해서 균형감을 맞추려고 하는 편이에요. 첫 번째 색은 음식에서 비중이 높은 것. 두 번째 색은 첫 번째 색과 같은 계열. 세 번째 색은 첫 번째 색과 대비가 되게요. 예를 들어 노란색 파스타는 무채색인 흰 접시에 담고, 파스타와 접시 위에 초록색 파슬리, 빨간색 파프리카가루를 흩뿌려 균형감을 맞춰요. 단, 그릇에 화려한 색이나 무늬가 있을 때는 한 가지 색을 제외해주세요.

테이블 매트 활용하기　　　　　05

접시를 놓는 곳에 테이블 매트를 깔면 격식 있는 테이블 스타일링이 완성된답니다. 직사각형 식탁에는 동그란 원형 매트를, 정사각형 식탁에는 직사각형 매트를 놓아보세요. 그 위에 커트러리를 놓으면 더 청결하면서도 근사하게 식사할 수 있어요.

불빛은 한 톤 낮게　　　　　06

밝은 조명보다는 눈이 편하다고 느끼는 정도의 간접 조명에서 음식이 더 맛있게 느껴지기도 한답니다. 불빛이 어두워지면서 시각보다 미각에 신경이 집중되기 때문이라고 해요. 많은 파인다이닝에서 실내 조명을 어둡게 해두거나 톤이 낮은 노란색을 쓰는 이유랍니다.

TITLE : 나를 위한
주말 브런치

버섯 갈레트와 시금치 비스크

지금의 학교인 녹스대학교로 전학을 간 첫 날 얼마나 당황했는지 몰라요. 입학 사정관의 말에 따르면 지금 내가 있는 이곳은 다양한 즐길 거리와 쇼핑몰, 영화관의 네온사인 등이 넘치는 꽤 화려한 규모의 도시여야 하는데, 제 눈에는 황량한 벌판과 작은 시골만 보였거든요.

다음 날 아침. 저는 눈을 뜨자마자 '어제는 어두워서 제대로 보지 못한 걸거야'라고 생각하며 다운타운으로 향했어요. 아이쿠, 어젯밤에 본 것보다도 더 소박한 게일스버그의 민낯에 진심으로 낙담했답니다. 공부하러 간 주제에 너무 철없이 들린다고요? 하지만 그때는 억울할 만도 했던 것이, 최종 전학 후보지였던 그린넬과 녹스 중에서 고민 끝에 제가 녹스를 택했던 가장 큰 이유 중 하나가 바로 도시의 규모 때문이었거든요.

새 학교에 가는 동안 꿈꿨던 장면들은 반나절 만에 사라졌습니다. 전학을 없었던 일로 만들 수 없는 일. 결국 '나! 이 도시에 꼭 적응하고 말리라'라고 다짐하며 현실 세계로 돌아왔답니다.

실망감을 치워버리고 제가 가장 먼저 한 건 캠퍼스 주변 맛집을 찾는 일이었어요. 맛있는 음식은 금세 기분을 좋게 만들어주는 힘이 있으니까요.

그때 신입생 오리엔테이션을 주관하는 선배들이 하나같이 입을 모아 칭찬하던 곳이 바로 랜드마크 카페 앤드 크레페리에라는 곳이었어요. 무엇을 주문해도 실패하지 않는 곳이라며 식사용으로 만든 메밀 크레페인 갈레트Galette와 크레페를 꼭 따로 먹어보라고 성화였지요.

기대 반 걱정 반. 처음 맛본 랜드마크의 갈레트는 정말 깜짝 놀랄 만큼 맛있었어요. 그 전까지 크레페는 간식이나 디저트라고만 생각했기 때문에 크레페가 든든한 한 끼 식사가 될 거라고는 상상조차 못하고 있었거든요. 쇠고기며 양송이, 치즈, 올리브, 토마토와 양파로 만든 살사 등 다양한 속재료에 사워크림이 곁들여진, 얇고 바삭한 그곳의 크레페는 묵직하면서도 신선한 맛으로 저를 설레게 했답니다. 한입 먹자마자 알 수 있었어요.

'아, 난 졸업할 때까지 이 식당 문턱이 닳도록 오겠구나.'

정성껏 닦인 포크와 나이프로

갓 구워진 크레페를 자를 때면

아무리 속상한 일이 있더라도 위로가 되었어요.

게다가 새하얀 식탁보에 은은한 광택이 나는 냅킨, 향긋한 목재 가구까지. 고풍스러운 인테리어 또한 마음에 쏙 들었고요. 그때부터 랜드마크는 축하할 일이 있거나 속상할 때, 기분 전환이 필요할 때 즐겨 찾는 제 아지트가 되었답니다. 정성껏 닦인 포크와 나이프로 갓 구워진 크레페를 자를 때면 아무리 속상해도 위로가 되었어요. 그 크레페 덕분에 게일스버그를 좋아하게 된 것 같아요. 물론 코스 요리와 미트볼 파스타도 맛있지만 말이에요!

그 기억을 담아 재구성한 버섯 갈레트를 소개할게요. 마트에서 쉽게 구할 수 있는 메밀가루로 만든 구수한 반죽에 냉장고 속 간단한 속재료와 특제 버섯소스를 곁들인, 맛과 건강을 동시에 챙긴 별식이랍니다.

이번에는 버섯 갈레트와 잘 어울리는 시금치 비스크 레시피도 함께 소개해드리니까 놓치지 말고 꼭 함께 만들어보세요!

시금치 비스크 Spinach Bisque 는 크레페와 함께 랜드마크를 찾는 사람들에게 큰 사랑을 받는 식전 메뉴랍니다. 여기에서 비스크란 걸쭉한 수프를 뜻하기 때문에 시금치 비스크는 시금치 크림 수프 정도로 생각하면 돼요.

이 수프는 홈커밍데이에서 만난 졸업생의 초대로 저녁 식사를
하러 갔다가 처음 맛보게 되었어요. 당시 그는 보좌관으로서
일리노이 주의 주지사를 보필하고 있었는데, 마침 저와 관심
사가 비슷해서 금방 친해졌어요.

한창 화기애애하게 메뉴를 고르는데 갑자기 그가 "너 지금 시
금치 비스크 안 먹으려는 거야?"라고 황당하다는 듯이 묻는 거
예요. 그래서 덤덤하게 여기에서는 먹어본 적이 없다고 했더
니 정말 세상을 잃은 듯한 표정으로 이렇게 말하더라고요.

"너 여기서 시금치 비스크를 안 먹으면 이 식당에 오는 보람이
없는 거야."

저는 그의 얼굴을 보면서 '설마 수프가 맛있어 봤자지'라는 생
각을 했지만, 결국 그날 저녁 제 애피타이저는 시금치 비스크
가 됐어요.

그리고 그날 이후 시금치 비스크는 랜드마크에서 제가 가장
좋아하는 메뉴가 되었답니다.

비록 이 맛있는 수프를 소개해준 사람의 이름은 더 이상 기억
나지 않지만, 이 맛만큼은 아직도 또렷해요. 특히 앞서 제가 소
개해드린 갈레트와 찰떡궁합이니 꼭 함께 만들어보세요! 담백
한 크래커를 곁들이면 그 맛이 배가 된답니다.

버섯 갈레트

READY

메밀가루 0.5컵, 달걀 1개, 식용유 0.5스푼, 소금 한 꼬집, 우유 2/3컵, 버터 1스푼, 파슬리가루(생략 가능), 사각햄 1장, 시금치 1컵, 파르미지아노 레지아노 또는 그라파다노 등 하드 계열 치즈 1스푼

소스 재료 식용유 0.5스푼, 양파 0.25개, 마늘 2톨, 양송이 2개, 치킨스톡 또는 소금 0.25스푼, 생크림 0.3컵, 화이트 와인 0.25컵, 머스터드 0.25스푼, 소금 한 꼬집, 후추 한 꼬집

MAKE IT

1. 양파는 채 썰고 마늘과 양송이는 얇게 저며서
2. 식용유를 두른 프라이팬에서 양파, 마늘, 양송이 순서로 볶다가
3. 머스터드, 화이트 와인, 그리고 치킨스톡을 넣고
4. 와인이 반으로 줄면 생크림을 넣어 되직하게 졸이고
5. 소금, 후추, 파슬리가루로 간을 해서 소스를 완성한 뒤
6. 볼에 달걀과 우유, 녹인 버터, 소금을 넣어 잘 섞고, 메밀가루를 넣어 가루가 보이지 않을 때까지 휘스크로 저어서
7. 중불에서 달군 프라이팬에 반죽을 한 국자 떠 넣어 얇게 펴고
8. 반죽이 흐르지 않으면 반죽 가운데에 사각형 모양으로 치즈와 햄, 시금치를 얹어 모양대로 반죽을 접고,
9. 불을 끄고 반죽을 뒤집은 후 30초간 기다리고
10. 갈레트를 접시에 옮긴 뒤 소스를 갈레트 위에 부으면 끝.

TIPS

❖ 겨울에는 갈레트 안의 치즈가 빨리 굳지 않도록 접시는 전자레인지에서 미리 40초~1분간 데워두면 좋아요.

시금치 비스크

READY

다진 양파 0.3 컵, 식용유 1스푼, 버터 2스푼, 밀가루 3스푼, 소금 0.3스푼, 넛맥 1/8스푼(생략 가능), 다진 마늘 0.5스푼, 우유 1.5컵, 물 3/4컵, 치즈 0.5컵, 시금치 한 줌, 후추 0.3스푼

MAKE IT

1. 버터와 식용유를 두른 팬에 마늘과 양파를 볶고
2. 밀가루, 소금, 넛맥을 더해 잘 섞일 때까지 볶다가
3. 우유와 물을 조금씩 부어가며 섞어주고
4. 살짝 되직해지기 시작하면 치즈를 갈아 넣은 후
5. 치즈가 녹으면 2~3등분한 시금치와 후추를 넣어 한소끔 끓여내면 끝.

돼지 김치 클뢰세

클뢰세Klöße를 아시나요? 작은 공 모양의 클뢰세는 감자, 밀가루, 빵, 고기 등의 재료를 뭉쳐 삶아내는 독일의 전통 요리예요. 소 없이 감자로만 만드는 카르토페클뢰세Kartoffelklöße부터 한국의 동그랑땡처럼 다진 쇠고기를 납작하게 빚어 만드는 프리카델렌Frikadellen, 남부 지역에서 주로 디저트로 먹는 게름크뇌델Germknödel까지 다양한 종류의 클뢰세가 있답니다. 독일의 남부에서는 크뇌델Knödel이라고 불리기도 한다고 해요.

제가 클뢰세를 처음 접했던 건 플로리다에서 친하게 지내던 독일인 친구 집에서였어요. 조각칼로 주홍색 늙은 호박에 눈코입을 조각하며 할로윈에 사용할 잭오랜턴을 만들던 중이었는데, 친구 어머니께서 간식으로 달콤한 호박 주스와 주먹만 한 감자 클뢰세를 내어주셨지요.

클뢰세 안에는 후추 향이 강한 쇠고기가 잔뜩 들어 있었어요. 그 맛은 다진 쇠고기에 으깬 감자를 얹어 굽는 영국 코티지파이Cottage Pie와 비슷했던 것 같아요. 주먹밥처럼 손쉽게 허기를 채울 수 있다는 점도 좋았고요.

처음 먹어본 클뢰세는

크게 인상적인 맛은 아니었어요.

하지만 따뜻한 맛을 느낄 수 있었답니다.

어머니의 맛이 생각났을 정도로요.

클뢰세가 다시 생각났던 건 2013년 여름 한국에 돌아왔을 때였어요. 귀국 후 첫 석 달은 부산에 있는 본가에서 지냈는데, 오랜만에 딸이 왔다고 자꾸 이것저것 사오는 부모님 덕분에 집에는 처리해야 할 먹거리가 잔뜩 쌓여 있었죠.

마침 먹다 남은 삶은 감자가 한 소쿠리 있어서 저녁으로 감자 그라탕을 해 먹을까, 코티지 파이가 나을까 고민하던 와중에 고등학생 시절 친구네서 먹었던 클뢰세가 생각났어요. 꽤 간단해 보였던 걸로 기억하고 있어서 쉽게 만들 수 있을 것 같았거든요.

구글에 검색해보니 클뢰세는 자유롭게 다양한 재료를 뭉쳐 살짝 삶아내기만 하면 된다고 하더라고요. '이거다!' 하며 저는 호기심 반으로 먹다 남은 찐 감자와 돼지고기, 김치를 사용해서 한국식 클뢰세를 만들어봤어요.

별다른 향신료가 들어가는 게 아니라서 그런지 돼지고기와 김치가 들어간 클뢰세는 기대 이상으로 맛있었어요. 따끈한 감자옷을 한 입 베어 물면 매콤 짭짤한 돼지 김치소의 향이 훅 느껴지고, 곧 쫄깃한 돼지고기의 식감과 부드러운 감자, 그리고 아삭한 배추김치가 재미있는 식감을 자아낸답니다. 한국식 양념을 사용했기 때문에 양식을 좋아하지 않는 사람도 누구나 거부감 없이 먹을 수 있고 말이죠.

특히 클뢰세는 재료의 양을 일일이 개량할 필요가 없기 때문에 비율만 신경 쓰면 한결 손쉽게 만들 수 있다는 점이 매력적이에요.

혹시나 평범한 감자 맛은 아닐까 걱정된고요? 그럴 리가요. 뻔한 재료로 만들지만 맛까지 뻔하지는 않답니다.

주먹밥처럼 냅킨으로 집어먹어도 좋고, 조금 크게 만들어 근사하게 포크와 나이프로 먹어도 좋아요. 간식으로도, 한 끼 식사로도 좋은 메뉴예요.

만약 아직 독일 요리가 낯설다면 한국인의 입맛에 맞게 변형시킨 돼지 김치 클뢰세로 친해져보는 건 어떨까요?

READY

중간 크기 감자 3개 또는 삶은 감자 2컵, 밀가루 2.5스푼, 달걀노른자 1개, 소금 0.5스푼, 물 6컵

소 재료 다진 양파 0.25컵, 다진 김치 0.3컵, 앞다리살 0.3컵, 레드 와인 2스푼, 된장 0.5스푼, 참기름 0.3스푼, 매실액 1스푼 또는 설탕 2/3스푼, 소금 한 꼬집, 후추 한 꼬집, 다진 마늘 0.3스푼

MAKE IT

1. 감자는 소금 0.5스푼을 넣어 삶고
2. 돼지고기와 김치, 양파는 잘게 썰어 식용유를 두른 프라이팬에서 볶다가
3. 양파가 투명해지면 나머지 속재료를 넣어 볶아두고,
4. 냄비에 물 6컵을 끓여두고
5. 감자는 따뜻할 때 껍질을 벗겨서 으깨고
6. 감자가 한 김 식으면 밀가루와 달걀노른자를 넣어 빠르게 뒤섞고
7. 밀가루를 흩뿌린 도마 위에서 감자 반죽을 굴려가며 귤 크기로 작게 뭉치고
8. 반죽을 손바닥에 펼쳐 소를 넣은 뒤 공 모양으로 봉해주고
9. 물이 끓으면 중약불에서 반죽을 조심스럽게 넣고
10. 10분 후 반죽을 건져 식히면 끝.

TIPS

❖ 전자레인지용 컵에 4등분한 감자와 감자가 잠길 정도의 물을 부어 8분간 데우면 감자가 익어요. 이때 컵 밑에 오목한 그릇을 한 겹 더 받쳐주세요.

수란을 얹은 아스파라거스구이

규칙적으로 생활하는 편이지만 주말에는 가끔 늦잠을 부리고 싶은 날이 있어요. 특히나 하늘 맑은 날 침대 옆 창문으로 햇살이 부서지듯 내려앉을 때면 유독 침대의 포근함에서 벗어나고 싶지 않아요.

그래서 일찌감치 잠은 깼지만 삼십 분 넘게 침대 위를 좌로 구르고 우로 굴러다니고는 하죠. 그런 날이면 평소처럼 칼 같이 아침을 챙겨먹기 귀찮은 것 같아요. 모처럼 아침 운동도 없는 날이고요.

그 귀찮음을 간편하고 예쁘게 포장할 수 있는 단어가 바로 브런치인 것 같아요. 사실 말 그대로 귀찮아서 아점으로 적당히 끼니를 때우는 것뿐인데, 브런치라고 하면 왠지 예쁜 카페나 호텔에서 볼 수 있는 근사하고 화려한 한 접시 식사가 떠오르는 점이 좀 웃기기도 해요. 그 어떤 음식이든 간단하고 든든하다면 브런치에 어울리겠지만, 언제부터인가 브런치는 오믈렛이나 감자구이, 베이컨, 소시지 등 기본적인 서양식 아침식사의 대명사가 된 것 같아요.

특히나 달걀은 절대 빠지지 않는 브런치의 꽃이지요. 뽀얀 흰자와 화사한 노른자의 조화가 더해지면 아무리 칙칙한 색감의 요리라도 금세 세련된 한 접시로 변신하거든요.

그중에서도 수란은 부라타 치즈마냥 동그랗게 뭉쳐진 흰자 사이로 노른자가 터져 나오는 것이, 달걀의 화려함을 보여줄 수 있는 최적의 조리법이 아닐까 싶어요. 처음에는 어려워 보이지만, 요령을 터득하면 실패하지 않고 쉽게 만들 수 있기도 하고요.

수란을 얹은 아스파라거스구이는 수란을 사용하는 브런치 메뉴 중에서도 손꼽히게 간단한 편이에요. 대표적인 수란 브런치 메뉴인 에그 베네딕트처럼 따로 빵을 굽고 소스를 만들 필요가 없어서 수란이 익는 동안에 아스파라거스를 살짝 구워내어 접시 위에 보기 좋게 올려내기만 하면 끝이거든요. 치즈를 갈아 올리면 호텔에서 나오는 브런치 같고요.

게다가 그 색감은 어찌나 예쁜지. 수란의 희고 노란 색감에 아스파라거스의 싱싱한 초록이 더해져 접시가 더 화려해진답니다. 간단한 요리법에 비해 맛도 좋고 말이죠.

귀찮음도 예쁘게 포장하고 싶을 때,

너무 쓸쓸한 혼밥은 꺼려질 때 딱 좋은 메뉴가 있어요!

바로 브런치입니다.

탱글탱글한 흰자를 포크나 칼로 살짝 자르면 그 사이로 반쯤 익은 노른자가 아스파라거스 위로 흘러요. 그때 잽싸게 아스파라거스를 한 입 크기로 잘라 그 위에 흰자를 얹고, 포크 옆면으로 노른자를 듬뿍 떠 입에 넣으면 치즈의 짭짤함과 아스파라거스의 아삭함, 흰자의 탱글탱글한 식감을 부드러운 노른자가 소스처럼 감싸 안으며 고소한 풍미를 낸답니다.

아스파라거스 손질부터 수란을 익히는 시간까지 십 분 정도면 충분하기 때문에 게으름을 피우고 싶은 날에 제격이지요. 귀찮다고 주말 첫 끼를 늘 라면으로 때운다면 너무 아쉽잖아요. 가끔 제대로 된 요리로 기분 전환을 하고 싶을 때 수란을 얹은 아스파라거스구이 한 접시를 권하고 싶어요. 요리 솜씨가 없어도 레시피를 지킨다면 실패 없답니다. 나를 위한 브런치를 만날 수 있을 거예요!

READY

달걀 2개, 아스파라거스 4~5줄기, 식초 0.5컵, 물 5컵, 소금 1스푼, 후추 한 꼬집, 식용유 1스푼, 올리브유 1스푼, 파르미지아노 레지아노 또는 그라파다노 등 하드 계열 치즈

MAKE IT

1. 깊은 냄비에 물과 식초, 소금을 넣어 중약불에서 끓이고
2. 달걀은 노른자가 무너지지 않도록 깨어 하나씩 그릇에 담아두고
3. 물이 끓으면 숟가락으로 냄비 가장자리를 시계 방향으로 강하게 휘저은 후
4. 냄비 정중앙에 달걀을 부은 후 4분간 기다리고
5. 수란은 채로 건져서 찬물에서 잠시 식혀두고
6. 아스파라거스 밑동은 손가락 마디 하나만큼 자르고
7. 소금과 후추 한 꼬집씩 뿌려 식용유 두른 프라이팬에서 굽고
8. 접시 위에 아스파라거스 – 수란 – 올리브유 – 갈아낸 치즈 순서로 올리면 끝.

TIPS

❖ 베이컨이나 생 햄을 곁들이면 맛이 두 배!
❖ 먹기 전에 수란 하나를 살짝 갈라두면 노른자의 색이 더해져서 접시가 화사해져요.

보리 샐러드

미국에 발 한 번 디뎌본 적 없으면서 막연히 미국 대학 진학을 꿈꾸게 된 건 책 한 권 때문이었어요. 초등학교 5학년 때 도서관에서 표지 색깔이 인디핑크인 책을 한 권 빌려왔어요. 정치학자 존 롤스가 쓴 『공정으로서의 정의』였습니다. 읽지도 못하는 영미서를 번역서가 아닌 원서로 빌려온 건 순전히 표지 그림으로 쓰인 존 마린의 작품이 마음에 들었기 때문이었어요.

그러다가 책의 내용이 궁금해져서 단어를 하나하나 찾아가며 읽게 되고, 읽다보니 이 책의 저자가 궁금해졌어요. 그래서 롤스를 만나기 위해 미국에 있는 대학교에 가야겠다고 마음을 먹었지요. 그렇게 결심한 그 해 겨울에 롤스가 사망했다는 사실은 꽤 오랜 시간이 지난 후에야 알게 되었거든요.

오랜 시간 상상만 해왔던, 무지한 상태에서 시작한 미국 생활은 충격의 연속이었어요. 음식, 학교 시스템, 생활 방식까지, 제가 상상했던 모습과는 너무 많이 달랐어요. 그중에서도 몇몇 일들은 아직까지도 신기해요. 예를 들자면, 미국에는 형태 그대로의 생선은 불쌍해서 못 먹는 사람이 많다는 점 같은 거요.

발브만 해도 제 SNS에 생선구이 사진이 올라올 때마다 늘 "으, 저 불쌍한 눈동자를 봐!"라며 생선에게 애도를 표하거든요.

생각해보면 곡류로 만든 샐러드를 처음 먹었을 때도 발브의 생선 공포증을 볼 때만큼이나 신기했던 것 같아요. 우리나라에서는 늘 불려서 삶거나 찌는 밥 형태로 먹었던 쌀을 차가운 샐러드로 먹을 수 있다는 사실이 정말 놀라웠거든요.

특히 멕시코인이나 히스패닉이 많은 플로리다에서는 곁들임 메뉴로 자주 볼 수 있었어요.

그중에서도 보리 샐러드는 제가 가장 자주 해 먹는 잡곡 샐러드랍니다. 이 보리 샐러드는 보리 삶는 시간 때문에 다른 요리들에 비해서는 시간이 많이 걸려요. 하지만 한입 떠 넣으면 요리조리 입안을 누비고 통통 튀는 듯한 식감 때문에 먹는 재미가 있답니다. 그래서 만드는 데 들이는 시간에 불만이 생겼다가도 잊곤 해요.

평소 콩에 큰 매력을 못 느끼는 사람에게 콩의 진수를 보여줄 수 있는 기회이기도 해요. 레시피는 일 인분 기준이지만, 한 번에 두세 배 정도 더 만들어서 냉장고에 두었다가 먹어보세요. 차갑게 먹으면 더 맛있답니다!

샐러드가 채소로만 만들어졌다는 편견은 그만! 늘 밥으로만 먹던 보리쌀로 색다른 보리 샐러드를 만드는 법을 알려드릴게요. 분명 샐러드 한 컵 먹었을 뿐인데 이상하리만큼 속이 든든할 거예요.

READY	토마토 0.5개, 양파 0.3개, 흑미 1스푼(생략 가능), 통조림 버터빈 0.3컵, 오이 손가락 한 마디 길이(생략 가능), 보리 0.5컵, 다진 마늘 0.3스푼, 후춧가루, 소금, 설탕, 레몬즙 2스푼, 치즈, 참기름

MAKE IT

1. 냄비에 물 2.5컵, 보리, 흑미, 소금을 넣어서 20~30분간 삶고
2. 삶아낸 보리와 흑미는 찬물에 헹구고
3. 토마토와 오이, 양파는 잘게 썰어서
4. 모든 재료를 볼에 넣고 뒤섞으면 끝.

TIPS

❖ 보리와 흑미를 미리 1시간 이상 불려두면 익는 시간이 10~15분으로 줄어요.

메밀 팬케이크

좋아하는 사람들을 만나는 건 언제나 즐거워요. 더군다나 평소와는 다른 장소에서의 만남은 더욱 반갑지요.

이 마음을 아는지 종종 해외에서 찾아오는 친구들이 있어요. 출장이나 가족 여행차 아시아를 방문하며 잠시 들르는 친구도 있고, 저를 보러 일부러 서울까지 먼 길을 달려와주는 친구도 있어요.

그럴 때면 고맙고 반가운 마음에 최대한 많은 시간을 함께 보내려고 하는 편이에요. 그러다보면 한국에 있는 그들의 또 다른 친구들을 만나게 될 때가 있지요. 제임스와 비 역시 그렇게 알게 된 친구들이에요. 그들은 장난기 많고 사랑스러운 두 아들을 둔 십이 년 차 부부예요. 여름휴가 중에 잠시 한국에 들른 친구의 가족이고요. 일주일 정도 다함께 어울리다보니 금세 친해졌어요.

제임스와 비는 업무 때문에 서울에서 이 년째 살고 있어요. 저와는 집이 가까워서 친구가 머문 일주일 내내 그들의 집에 들락거렸어요.

미국인 가족이라 그런지 제임스와 비의 집 안 선반에는 미국 마트에서 흔히 보던 통조림과 식자재가 빼곡하게 쌓여 있어 구경하는 재미가 있었어요. 생전 들어본 적도 없는 재료를 발견할 때도 있었는데, 메밀 팬케이크 가루도 그중 하나였지요.

메밀은 미국에서 대중적인 식재료는 아니에요. 하지만 건강에 관심이 많은 제임스는 밀가루 대신 메밀을 즐겨 먹는다고 해요. 마침 메밀 팬케이크를 몇 장 구웠다며 한번 맛보지 않겠냐고 제게 권하는데, 사실 처음에는 거무죽죽한 그 색 때문에 그리 구미가 당기지는 않았어요.

게다가 여태껏 미국에서 본 메밀 요리라고는 학부 시절 대학교 앞 프랑스 식당의 메밀 크레페가 전부였기 때문에, 메밀을 무려 팬케이크로 만들어 먹는다는 발상이 꽤 낯설기도 했고요. 쫄깃한 얇은 전병 형태로만 먹어본 메밀가루로 팬케이크의 푹신한 식감을 낼 수 있을지 의문스러웠지요.

어쨌든 옆에서 "메밀 팬케이크는 언제나 옳아!"라고 외치며 접시 위에 팬케이크 탑을 쌓고 그 위에 메이플 시럽을 흥건하게 뿌리는 친구를 보며, 의심 반 기대 반으로 한 조각을 잘라 먹어보았답니다.

사실 처음에는 '이게 무슨 맛이지?' 싶었어요. 확 고소한 것도, 그렇다고 자극적인 것도 아닌 채로 어딘가 애매했거든요. 그렇게 한 입 두 입 먹다보니 점점 구수한 메밀의 향이 느껴지기 시작하다가, 어느새 끝없이 팬케이크를 먹게 되지 뭐예요.

메밀 팬케이크가 종종 생각나서 인터넷에 검색해보았는데, 시판되는 메밀 팬케이크 믹스는 해외 구매 대행으로만 구입할 수 있더라고요.

아쉬운 마음에 제 입맛에 맞게 일반 팬케이크 레시피를 응용해보았어요. 담백하고 고소한 맛과 영양, 건강까지 모두 챙길 수 있는 메밀 팬케이크로 주말 아침을 열어보세요. 주중에 지쳐 있던 몸이 한결 가벼워지는 기분이 들 거예요!

과거에 미국은 밀가루 대신
메밀 같은 곡물 가루가 좀 더 인기 있었대요.
메밀 팬케이크는 미국의
과거 음식 문화라고 보아도 좋아요.

READY

메밀가루 1컵, 우유 1.25컵, 달걀 1개, 베이킹 파우더 0.5스푼, 레몬즙 또는 사과 식초 0.5스푼, 소금 한 꼬집, 설탕 1스푼, 바닐라 오일 1방울(생략 가능), 버터 또는 식용유 1스푼, 메이플 시럽, 꿀, 잼 등 기호에 따라 3스푼

MAKE IT

1. 우유에 레몬즙이나 식초를 넣고 잘 저어 5분간 두고
2. 우유에 달걀을 풀고
3. 소금과 설탕, 베이킹 파우더, 바닐라 오일(바닐라 익스트렉트), 채 친 메밀가루를 넣어 가루가 보이지 않을 정도로만 섞고
4. 녹인 버터를 반죽에 넣어 가볍게 저어주고
5. 프라이팬에 원하는 크기로 팬케이크 반죽을 부어 중약불로 굽고
6. 완성된 팬케이크는 접시에 담고
7. 그 위에 메이플 시럽, 꿀, 잼, 버터 등 원하는 소스를 곁들이면 끝.

TIPS

❖ 팬케이크를 동그랗게 굽기 위해서는 국자와 프라이팬 사이의 거리를 최소한으로 좁히고, 국자를 움직이지 않고 한 곳에 반죽을 부어주어요. 반죽이 스스로 퍼져나가면서 예쁜 동그라미 모양을 만들 거예요.

❖ 반죽의 밀가루 함량이 높을수록 식감이 부드러워요. 마트에서 파는 메밀가루는 밀가루 함량이 높기 때문에 메밀가루가 40퍼센트 이상이라면 어떤 제품이든 좋아요.

브런치, 예쁘게 담기

우리나라에서 브런치라는 단어를 흔히 쓰기 시작한 건 그리 길지 않아요. 다섯 해 남짓일 거예요. 그 전까지는 '양식'이라고 뭉뚱그리거나 샌드위치면 샌드위치, 샐러드면 샐러드라고 정확하게 음식 이름을 불렀답니다. 그러다가 언제부터인가 「섹스 앤 더 시티」의 주인공들이 여러 종류의 음식이 담긴 커다란 한 접시를 여유롭게 즐기는 장면이 화제가 되면서 국내에 브런치 열풍이 시작되었던 것 같아요.

브런치는 아침과 점심을 한번에 해결한다는 뜻일 뿐이지만, 어쩐지 근사한 여유가 한 접시 담겨 나오는 것처럼 느껴져요. 수많은 미디어와 잡지에서도 브런치라는 단어를 사용할 때 등장시키는 장면 역시, 그런 느낌이고요. 왜일까요? 소시지며 샐러드 등 그 내용물만 보면 별것 아닌 것 같은데 말이에요.

정작 직접 만들어보면 어쩐지 카페에서 파는 브런치 메뉴보다는 질서 없이 한가득 담은 뷔페 접시 느낌일 때가 많죠. 그래서 이번에는 카페에서는 알려주지 않는, 내가 원하는 음식을 조금씩 예쁘게 담는 비법을 알려드릴게요.

접시는 무지로   01

브런치 메뉴의 가장 큰 특징은 색감! 샛노란 달걀 노른자, 싱싱한 초록 샐러드. 눈에 띄는 원색 메뉴를 담기 때문에 접시 문양과 색이 단조로울수록 음식이 돋보인답니다.

넓은 대신 높게   02

음식은 눈에서 가까울수록 맛있다는 말이 있지요. 눈에서 가깝다는 건 그만큼 푸짐하게 쌓았다는 뜻이고요. 팬케이크만 해도 서너 장은 접시 바닥에 쭉 깔아두는 것보다는 층층이 쌓아 올려야 더 맛있어 보이는 것처럼 말이에요.

화려한 색으로 포인트를   03

브런치는 어수선하게 보이기 쉬워요. 그래서 화려한 색감으로 접시 위 질서를 잡아주는 게 중요하답니다. 크게 빨강, 노랑, 초록에서 두 가지 이상을 사용해요. 색의 수가 많을수록 균형감과 화려함이 더해져요. 특히 제철 과일을 사용하면 신선해 보이고요.

시리얼처럼 곡물의 따뜻한 느낌을 원할 때는 튀는 느낌 없이 그릇 속 음식 색을 같은 계열로 맞추어줘요.

그래도 어쩐지 해결이 안 되는 날에는 흰색을 이용해보세요. 어수선한 접시 한가운데 치즈나 달걀 한 덩이를 올려주면 통일감이 팍팍 살아난답니다!

한 가지 음식은 가운데, 여럿은 빙 둘러서   04

담음새에서 색감만큼이나 중요한 요소는 아마 균형일 거예요. 한 접시에 담기는 음식의 가짓수보다는 얼마나 균형감 있고 조화롭게 담았느냐가 눈에 보이는 맛을 좌우하기 때문이지요.

음식 종류가 하나일 때는, 주인공만 덩그러니 있기 때문에 접시 한가운데에 놓아 치우침이 없도록 하는 게 좋아요. 과일이나 소스처럼 곁들임이 있을 때는 그 위에 쌓는 게 좋답니다. 예를 들어 원형 접시 위에 커다란 팬케이크가 쌓여 있고, 그 위에 크림과 블루베리가 얹어진 모습처럼요.

음식 종류가 둘 이상일 때는, 가짓수는 홀수가 좋고 그중에서 주인공을 하나 정해주세요. 주인공이 접시의 반 이상을 채우도록 접시 왼쪽에 놓고, 주인공의 오른쪽 면을 따라 나머지 음식을 빙 둘러 채워주면 좋답니다.

접시의 모양에 따라 담음새를 다르게 해주세요   05

색감만큼이나 중요한 게 접시 모양이에요. 브런치에서 크게 중요한 팁은 아니지만, 다방면으로 활용할 수 있으니 여기서 살짝 알아보고 갈까요?

밋밋한 원형 접시는 따뜻하고 클래식한 메뉴에 어울려요. 테두리가 있는 원형 접시는 담음새가 조금 세밀하지 않아도 되어요. 접시 가운데로 선이나 문양이 있다면 담음새는 규모를 적게, 그리고 세밀하게 해주세요. 각이 진 접시는 현대적이고 세련된 인상을 주니까 조금 독창적으로 담음새를 만들어보아도 좋아요. 타원형 접시는 여성적이고 우아함이 매력인 경우가 많아요. 곁의 모양에 신경 써서 여백을 많이 살려주는 담음새가 중요합니다.

RECIPE
FOR
SINGLE LIFE

때로
함께 즐겁게

TITLE : **특별한
사람을 위한
한 그릇**

매운 뚝배기 스테이크

바람이 서늘해지기 시작하면서 얼큰한 국물 생각이 나요. 평소라면 뜨끈한 순댓국이나 해장국을 찾겠지만, 시끌벅적한 식당이 부담스러울 때가 있지요. 이럴 때면 찬장 한구석에 처박혀 있던 작은 뚝배기를 꺼내요. 기분에 따라 간단한 달걀찜이나 차돌박이 듬뿍 넣은 된장찌개를 만들어 그 아쉬움을 달래는 거죠.

그러다가 조금 더 묵직한, 파인다이닝에서나 나올 법한 화려한 음식과 얼큰한 국물이 동시에 먹고 싶을 때면 가끔 이 매운 뚝배기 스테이크를 해요.

매운 뚝배기 스테이크는 제가 세상에서 가장 존경하고 사랑하는 저의 아버지를 위해 만든 요리예요.

2013년 여름, 무작정 다시 하고 싶은 일이 생겼다며 두 번째 휴학을 하고 돌아온 딸에게 부모님은 아무 말도 하지 않으셨어요. 얼굴 뒤로 걱정을 숨기고, 그저 네가 행복해 보여서 좋다고 하셨죠. 특히 아버지는 잘되든 못되든 이 시간이 헛되지 않을 거라며 용기를 북돋워주셨어요.

아버지는 늘 그런 분이었어요. 혹시라도 자식들이 사회 구성원으로서의 제 몫을 다해내지 못할까봐 친부모가 맞나 싶을 정도로 혹독한 모습을 보일 때가 있었어요. 하지만 정작 용기나 따뜻한 말 한 마디가 필요할 때면 그 누구보다도 애정 담긴 진심을 전해주셔요. 세상에 치열하게 도전하되 너무 힘들고 지칠 때면 언제든 집으로 오라고, 당신의 그늘에서 잠시라도 아무 생각 말고 쉬어가라고요. 제게 아버지는 뿌리 깊은 나무 같아요.

귀국을 하자마자 첫 석 달을 아버지와 보냈어요. 오랜만에 가족과 함께하는 시간이라 언제나 핑크빛이었지요. 요리 좋아하는 딸이 저녁마다 소소한 메뉴를 준비하자 "우리 딸이 저녁 차려놓고 기다리니까 집에 빨리 가야 한다"며 회식과 모임도 마다했고요.

매운 뚝배기 스테이크는 그 소소한 메뉴 중 하나였어요. 일요일 점심에 어머니와 동생이 외출하고 저와 아버지 둘이서 집을 지키던 중 얼큰한 국물 생각이 난다는 말에 냉장고를 탈탈 털어 만들었지요. 맛있게 드시는 아버지를 보며 얼마나 뿌듯하던지!

매운 뚝배기 스테이크는 아버지를 위해

만든 한 그릇이에요.

이 음식의 포인트는 얼큰한 국물이에요. 육개장을 연상시키는 한식 육수를 사용하기 때문에 얼큰하다는 느낌이 강하지요. 특히 팬에서 팔십 퍼센트 정도 익은 스테이크는 뚝배기의 잔열로 서서히 익기 때문에 부드럽고, 스테이크와 모차렐라 치즈의 고소함이 시원한 양념 국물과 조화를 이뤄 해장국을 먹는 듯한 느낌을 준답니다.

쭉 늘어지는 모차렐라 치즈에 부드러운 스테이크 조각을 돌돌 말아 얼큰한 육수 한 숟가락과 함께 즐기면 속이 풀리는 기분이 들어요. 물론 손님맞이에도 어울리는 일품요리이고요.

양념에 마늘을 넣는 대신, 스테이크에 마늘 향을 입혀 숙성시켰기 때문에 식사 후에도 입안이 깔끔하다는 점도 큰 매력이 될 것 같아요.

나의 영웅, 아버지를 향한 존경과 사랑을 담아 만든 매운 뚝배기 스테이크. 헛헛한 가슴을 채워줄 따뜻한 국물이 필요한 날에 한 뚝배기 어떠세요?

READY
쇠고기 등심 300g, 마늘 2쪽, 식용유 1스푼, 버터 0.5스푼, 피자 치즈 1스푼, 어린잎 채소 한 줌
양념 재료 맛술 또는 청주 0.5스푼, 간장 1.5스푼, 설탕 0.5스푼, 배 1/6조각, 고춧가루 1.5스푼, 양파 0.25개
육수 재료 청양고추 1개, 대파 흰 부분 0.5뿌리, 다시마물 2.5컵

MAKE IT
1. 청양고추는 세로로 반을 가르고, 마늘은 저미고
2. 쇠고기에 식용유 1스푼을 발라 랩으로 감싸두고
3. 양념 재료는 믹서기로 갈고
4. 냄비에 육수 재료를 끓이다가
5. 육수가 끓으면 약불로 낮추어 한 번 더 끓여 고추를 제거하고
6. 뜨겁게 달군 프라이팬에 쇠고기 양면을 30초씩 익히다가
7. 중불로 낮추어 버터와 마늘, 청양고추를 쇠고기에 끼얹으며 1분간 더 굽다가
8. 스테이크는 접시나 도마 위에서 1~3분 레스팅을 하고
9. 뚝배기에 육수와 양념 1.5스푼을 넣어 육수가 끓어오르면 먹기 좋게 자른 스테이크 절반과 치즈를 넣고
10. 치즈가 녹으면 나머지 스테이크와 어린잎을 얹어 마무리.

TIPS
❖ 매운맛은 취향껏 조절해요.

으깬 감자와 단호박을 곁들인 소불고기

미국에서 생활하며 느낀 점은 생각했던 것보다 아시아 음식이 대단히 인기가 많다는 거였어요. 일본 음식부터 중국, 태국, 인도까지. 독특한 향과 특색 있는 맛으로 다양한 인종의 사람들에게 별식 역할을 톡톡히 하고 있지요. 그중에서 한식은 마니아층이 강한 데 비해 상대적으로 대중적이지는 않은 편이에요. 물론 요즘에는 대도시에서야 손쉽게 먹을 수 있는 푸드 트럭이 있고, 건강한 이미지 때문에 한식의 대중화에 속력이 붙었다고 하지만, 다른 나라 음식에 비해서는 확장 속도가 더딘 편이라고 생각해요.

김치찌개 마니아라는 멕시코계 미국인부터 이틀에 한 번은 꼭 한국식 간장 양념 치킨을 시켜 먹는다는 백인 여성까지. 한국 음식을 맛본 뒤 좋아하게 된 사람들은 많지만, 여전히 친숙하게 찾아 먹기에는 어렵다는 평이 많아요. 아직까지는 대도시에 있는 한인 타운 음식점 중에 고깃집이 많거든요. 음식 본연의 맛보다 반찬 가짓수에 치중한 식당이 대부분이고요. 실제로 쉰 개 가까이 되는 메뉴를 파는 한식당을 본 적도 있답니다!

그래서 한식에 대해 생각해보게 돼요. 프랑스 음식도 코스 요리를 파는 파인다이닝부터 간단한 음식을 파는 카페까지 다양한 분위기와 등급의 식당이 있듯이, 한식도 서구적인 차림새와 고급화된 파인다이닝부터 전통 한정식, 푸근한 가정식 등으로 세밀하게 나아가보면 어떨까 하고요. 한식을 좀 더 쉽게 느낄 수 있거나 가볍게 먹을 수 있는 캐주얼한 음식 등, 좀 더 다양한 먹거리가 있는 공간으로 구분되고 그 수도 늘어야 한다고 생각해요.

물론 최근 뉴욕, 시카고, 유타 등 많은 도시에서 파인다이닝과 손쉽게 먹을 수 있는 테이크아웃 음식으로 한식의 대중화에 크게 기여를 하는 식당이 늘어나고 있으니 점점 더 상황이 좋아질 거라고 믿어요.

국내외를 오가며 일을 하다보니 어떻게 해야 외국인도 거부감 없이 한식을 편하게 먹을 수 있을까 고민하게 되어요. 다양한 찬을 펼쳐놓는 전통식도 좋아하지만, 주로 여러분께 소개하는 한 그릇 요리에 더 관심이 많은 이유이기도 하지요.

옆에서 지켜보니 낯선 음식에 대한 경계심은 아주 특이한 재료가 아닌 이상, 맛보다는 차림새가 더 많은 영향을 끼치는 것 같아요. 그래서 때때로 반찬을 주인공으로 만들어보기도 하고, 새로운 재료를 더하기도 하며 외국인 친구들에게 한식을 소개할 만한 시도를 이것저것 해보는 편이에요.

으깬 감자와 단호박을 곁들인 소불고기는 단순히 소불고기를 밥 없이 한 접시 메인 요리로 만들어보면 어떨까, 하는 호기심에 시도해본 요리였어요. 싹 나기 직전인 감자를 보며 혹시 매시트 포테이토를 곁들이면 밥이 없어도 괜찮지 않을까 싶었거든요.

거기에 불고기의 짭조름한 양념과 찰떡궁합인 단호박을 조각째로 올리면 먹음직스러운 색감도 더하면서 포만감과 과하지 않은 단맛이 자연스럽게 스미겠구나 싶었지요. 실제 이 요리는 SNS를 본 친구들 사이에서 화제를 불러일으켰답니다. 배를 닮았다느니, 달을 닮았으니, 대보름에 먹어야 한다느니……. 갖은 닮은꼴 어록을 낳았죠.

혹시 겉보기에만 예쁜 거 아니냐고요? 그렇다면 더더욱 이 레시피를 따라 꼭 한 번 만들어보세요! 소고기의 풍미와 달콤 짭짤한 양념이 뒤섞여 확 다가올 즈음, 담백한 매시트 포테이토가 불고기 양념의 짭쪼롬함을 부드럽게 잡아준답니다. 거기에 단호박 한 조각을 잘라 넣으면 깔끔하게 입안이 정리되고요. 밥이나 곁들임 찬을 준비하지 않아도 부족하거나 과함 없이 한 끼 잘 먹었다는 생각이 절로 나지요.

특히 특별한 날 익숙한 맛을 새로운 기분으로 느끼고 싶을 때 추천해요. 으깬 감자와 단호박을 곁들인 소불고기입니다.

READY

단호박 0.2개, 쇠고기 불고기감 1컵, 양파 0.2개, 대파 흰 부분 1뿌리, 식용유 1.5스푼, 사과 0.2개, 물 0.25컵, 샐러드용 어린잎 0.5컵, 다진 잣, 아몬드, 땅콩 중 1스푼

소스 재료 다진 마늘 0.5스푼, 간장 1.5스푼, 매실액 또는 설탕 1스푼, 레드 와인 1스푼, 참기름 0.3스푼, 물 3스푼, 꿀 또는 올리고당 0.3스푼

으깬 감자 재료 중간 크기 감자 2개, 소금 1스푼, 물 3.5컵, 우유 4스푼, 후추 한 꼬집, 소금 한 꼬집, 파르미지아노 레지아노 또는 그라파다노 등 하드 계열 치즈

MAKE IT

1. 감자는 소금 1스푼을 넣어 삶고
2. 뜨거울 때 껍질을 벗겨 으깨고
3. 으깬 감자에 우유, 소금과 후추 한 꼬집, 치즈를 갈아 넣고
4. 오목한 그릇에 단호박과 물을 담아 전자레인지로 6~8분간 찌고
5. 소스 재료에 쇠고기를 재우고
6. 대파와 양파는 세로로, 사과는 작게 깍뚝 썰어서
7. 식용유를 두른 프라이팬에 대파와 양파, 쇠고기, 사과 순서로 볶고
8. 쇠고기 핏물이 가시면 물과 양념을 더해 중불에서 볶다가
9. 양념이 졸아들면 접시 위에 단호박, 쇠고기, 잣, 어린잎을 쌓아 올리면 끝.

TIPS

❖ 단호박을 찔 때는 윗면을 덮개와 랩으로 덮어요.
❖ 전자레인지용 컵에 4등분한 감자와 감자가 잠길 정도의 물을 부어 8분간 데우면 감자가 익어요. 이때 컵 밑에 오목한 그릇을 한 겹 더 받혀주세요.

쇠고기 가래떡국

유학생에게 설이란 그저 시험기간 중 하루인 경우가 많아요. 그나마 운이 좋아 중간고사를 끝내고 명절을 맞으면 한국인 학생들끼리 모여 구색 맞추기식으로 떡국을 끓여 먹는 게 거의 전부이고요. 물론 교회나 한인 커뮤니티에 속해 있다면야 명절 느낌을 즐길 수 있겠지만, 저처럼 종교가 없고 한국인 수가 적은 학교에 다닌다면 명절 이벤트를 준비할 일이 없지요.

그래서인지 미국에서 지내는 꽤 오랜 기간 동안 조금 심심하게 설을 맞이했던 것 같아요. 사실 혼자이다보니 그 구색 맞추기 떡국조차 건너뛸 때가 많았죠.

하지만 게일스버그에서 보낸 마지막 설은 예년과는 조금 달랐어요. 지금의 스타트업을 시작하기 위해 곧 한국으로 떠날 준비 중이었기 때문에 당시 함께 살고 있던 하우스 메이트 팅팅과의 마지막 설 음식만큼은 제대로 준비해봐야겠다 싶었거든요. 그래서 팅팅과 함께 소소하게 한국과 중국의 설 음식을 만들어 먹었어요.

녹스대학교에서 이 년간 저와 함께 지냈던 팅팅은 산시성 서안 출신의 중국인 유학생이에요. '빼어나게 예쁘다'는 뜻의 이름처럼 지식, 성품, 미색을 고루 갖춘, 언제나 반가운 친동생 같은 친구랍니다. 특히 사업차 서안에 머물던 수 개월 동안 일이 잘 안 풀리거나 몸이 아플 때 매번 팅팅과 그 부모님의 도움을 받으며 더욱 가까워져, 지금까지도 종종 편지와 선물을 주고받으며 안부를 전해요.

그런 그녀이기에 함께 보내는 마지막 명절만큼은 평소보다 더 특별하고 맛있는 음식을 대접하고 싶었어요. 고민 끝에 준비한 메뉴는 모둠전과 지금 소개할 쇠고기 가래떡국이에요. 국물 속에 건더기가 감추어진 전통 떡국에 약간의 위트를 더했어요. 높낮이가 다른 여러 개의 떡에 볶은 쇠고기 고명을 채운 재미있는 모양의 저만의 떡국이지요. 처음에는 집에 굵은 떡볶이 떡 밖에 없어서 장난 삼아 길쭉하게 만들어봤지만, 그 떡볶이 떡 안에 쇠고기를 채워서 맑은 국물에 곁들였더니 어느새 일류 식당에서 나올 법한 근사한 요리가 되지 뭐예요. 쫄깃한 떡 안에 달짝지근한 쇠고기 고명을 잔뜩 채워 넣었으니 그 맛이야 당연히 더할 나위 없을 테고요.

레시피에서는 쇠고기 향을 최대한 내려고 맑은 쇠고기 육수를 사용했지만, 번거롭다면 먹다 남은 곰국이나 마트표 사골 육수를 사용해서 진한 맛을 내도 좋아요. 또는 다시마물로 깔끔한 맛을 한결 쉽게 낼 수도 있답니다.

가장 어려운 과정이 가래떡의 속 파기가 전부인 쇠고기 가래떡국. 약간의 재미가 필요한 날 손쉽게 위트 한 접시 더해보는 건 어떨까요?

READY
굵은 가래떡 손바닥 길이 2줄, 쇠고기 다짐육 0.3 컵, 간장 1.5스푼, 설탕 2/3스푼, 매실액, 꿀, 올리고당 중 0.5스푼, 다진 마늘 0.5스푼, 참기름 0.3스푼, 후추 한 꼬집, 달걀 0.5개(생략 가능), 다진 대파 1스푼
육수 재료 다시마물 2컵, 간장 1스푼, 대파 흰 부분 손가락 두 마디 길이

MAKE IT
1. 식용유를 두른 프라이팬으로 다진 마늘과 쇠고기를 볶다가
2. 간장과 설탕, 참기름을 넣고 중불에서 1분간 더 볶고,
3. 가래떡은 잘라서 모양 틀로 한가운데를 뚫고
4. 육수 재료를 한소끔 끓이다가
5. 가래떡은 육수에 10초간 데쳐서 쇠고기 고명으로 속을 채우고
6. 달걀을 풀어 구운 뒤 얇게 썰고
7. 달걀, 대파 고명과 함께 그릇에 담으면 끝.

TIPS
❖ 가래떡의 길이를 각각 다르게 하면 더 세련되어요.
❖ 가래떡 모양 내기가 어려울 때는 겉면을 칼로 동그랗게 깎거나, 속을 파지 않고 가래떡 모양만 다양하게 준비해보세요.

아몬드 바클라바

사람을 알아간다는 건 그 사람의 모습을 한 면씩 마주하게 된다는 뜻인 것 같아요. 때로는 너무나도 매력적으로 보이기도, 가끔씩은 나와 너무 다른 모습에 실망하기도 하고요. 그렇게 추억이 함께 쌓여가고, 흐르는 시간만큼 그 관계 속에는 우정과 사랑이 피어나요.

바클라바는 연인을 닮은 디저트예요. 추억이 한 장씩 쌓여 하나의 견고한 관계가 형성되듯, 파이지와 견과류가 한 겹씩 쌓여 그 위에 달콤한 시럽을 부어 감싸주면 비로소 한 조각의 바클라바가 완성되거든요.

시럽처럼 쌉쌀한 견과류 맛을 지나고 나면 파이지가 콘크리트처럼 그 층을 견고히 다지고 그 위에 접착제 역할을 하는 진득한 버터가 입안을 채워요. 이 한 조각의 바클라바는 지난 시간과 정성의 값어치만큼이나 행복한 달콤함을 선사하고요.

바클라바를 처음 먹어본 건 시카고에서 지내던 늦가을이었어요. 데이트 후 집으로 돌아와서 보니 가방에 묵직한 밀폐 용기가 들어 있더라고요. 그 위에는 휘갈겨 쓴 오렌지색 메모지가 붙어 있었어요.

"이걸 한 입 베어 물 때 느껴지는 감정이 내가 당신의 미소를 볼 때 드는 감정이에요."

밀폐 용기 안에는 그가 직접 만든 아몬드 바클라바가 빼곡히 들어 있었어요. 귀여운 메시지에 피식 웃으며 바클라바 한 조각을 베어 물자 그 달콤함에 서서히 얼굴 전체로 미소가 번졌던 것 같아요.

태어나서 처음으로 봄을 맞이한 아이라도 된 것처럼 설레어서 밤새 메모지 위의 글자를 읽고 또 읽었답니다. 게다가 서툴게 조각을 낸 바클라바는 또 어찌나 완벽하게 맛있던지! 몸이 녹아내릴 듯한 기분 좋은 달콤함에 계속 먹고 싶었지만, 그러면 왠지 이 설렘도 바클라바와 함께 사라져버릴 것만 같아 참고, 또 참았지요.

그 후로 제게 있어 바클라바는 사랑의 디저트로 각인된 것 같아요. 이 한 조각의 바클라바처럼 우리도 한 겹씩 견고하게 사랑을 쌓아가자는 말이 들리는 것 같고요. 그래서 꼭 소개하고 싶었어요. 사랑의 마음을 전해줄 이 달콤함을 말이죠.

이 책에는 한 사람을 위한 레시피 위주로 담았지만, 이 요리만큼은 혼자보다는 둘일 때 더 달콤할 거예요. 특히 만드는 법이 복잡하지 않기 때문에 둘이서 함께하면 더욱 재미있고, 손쉽게 만들 수 있어요. 연인끼리 놀이처럼 함께하기에도 알맞아요.

자, 이번 주말에는 아몬드 바클라바에 사랑을 담아볼까요?

READY
시나몬가루 0.25스푼, 무염 버터 0.3컵(65g), 아몬드 슬라이스 2/3컵, 밀가루 만두피 16장
소스 재료 설탕 2/3컵, 물 2/3컵, 꿀 2.5스푼, 오렌지 주스 또는 레몬즙 1스푼

MAKE IT
1. 버터는 전자레인지에서 녹여서 그릇에 얇게 바르고
2. 아몬드는 칼로 다져 시나몬가루와 섞어두고
3. 만두피는 1장씩 잡아당겨 그릇 크기로 얇게 자르고
4. **오븐 사용 시** 만두피 1장을 그릇에 깔고 그 위에 버터를 붓으로 펴바르고
5. 그 위에 만두피 1장을 더 올리고 버터, 아몬드 순으로 넓게 펼쳐 얹은 뒤
6. 과정 4와 5를 6회 반복하고
7. 맨 위에 만두피를 얹고 버터를 바른 뒤 사각형 모양으로 반죽을 잘라서
8. 175도 오븐에서 15~18분간 구우면 끝.
4. **프라이팬 사용 시** 만두피 1장을 도마에 깔고 그 위에 버터를 붓으로 펴바르고
5. 그 위에 만두피 1장을 더 올리고, 과정 4와 5를 두 번 반복한 뒤
6. 만두피 가운데에 아몬드 가루를 일자로 수북하게 놓아 김밥처럼 말고
7. 버터 1스푼을 더한 프라이팬으로 중약불에서 노릇하게 굽고
8. 구워진 바클라바는 손가락 두 마디 길이로 자르고
9. 만두피가 익을 동안 프라이팬에 소스 재료를 넣고 시럽처럼 진득해질 때까지 끓여 식히고
10. 완성된 바클라바에 바로 소스를 부어서 그릇째 식히면 끝.

TIPS
❖ 만두피에 버터를 충분히 발라주어야 바삭해져요.
❖ 만두피는 찹쌀이 섞이지 않은 밀가루 만두피를 써야 바삭하게 익어요.
❖ 만두피는 얇게 늘려주세요.

전자레인지 크렘브륄레

상대의 마음을 모르는 상황에서 누군가를 좋아하는 데에는 큰 용기가 필요해요. 그리고 상대의 마음을 온전히 받아들이는 데에도 분명 적지 않은 용기가 필요하고요. 나와 취향이 맞을지, 밖에 돌아다니는 것을 좋아할지, 화가 났을 때는 어떤 모습일지 아무것도 모르는 상태에서 친밀한 관계를 맺게 되는 거니까요. 특히나 저는 사람을 잃는 게 두려워서 시작하기도 전에 이별 후의 이해관계를 미리 걱정하는 편이라 사랑을 시작하는 게 쉽지 않아요.

크렘브륄레는 이 시작의 용기가 필요할 때마다 즐겨 만들어 먹는 디저트예요. '불에 태운 크림'이라는 뜻의 이 크림 푸딩은 미리 만들어서 차갑게 식혀둔 크림 위에 먹기 직전 설탕을 뿌려 녹이는, 표면은 뜨겁고 그 아래 크림은 차가운 반전이 있답니다. 그 달콤함을 입안 가득 머금다보면 용기가 솟는 기분이 들어요. 그래서 한 번 만들 때면 여러 개를 구워 며칠씩 두고 먹고는 해요.

스푼으로 캐러멜을 톡톡 두들겨 깨면 그 얇은 설탕막이 와사삭 부스러져 내려요. 그 사이로 드문드문 보이는 부드러운 크림 속을 한 스푼 깊게 퍼내어 입에 넣으면 좀 전까지 머릿속을 어지럽히던 갖은 고민과 망설임이 한번에 사라지는 것 같죠. 그저 조금만, 잠시만 더 이 달콤함을, 이 부드러움을 느끼고 싶다는 생각뿐.

사랑과 꼭 닮았지 않나요? 시작 전에는 너무나도 두렵고 고민되지만, 그 두려움을 이겨내고 나면 그저 서로 바라보고만 있어도 행복한 시간이 시작되듯 말이죠. 달콤 쌉싸름한 캐러멜 조각에 숨겨진 풍성한 바닐라 크림처럼, 용기 내어 두려움의 막을 깨어야만 사랑의 부드러움을 맛볼 수 있으니까요.

사랑의 용기가 필요한 사람에게 크렘브륄레를 선물해보세요. 마음이 전달될 거예요.

크림 브륄레는 사랑을 시작하려는
사람들의 마음이랑 닮은 것 같아요.

| **READY** | 달걀노른자 2개, 설탕 2스푼, 바닐라 아이스크림 0.5컵, 생크림 0.5컵 |
| | **설탕막 재료** 설탕 1.5스푼 |

MAKE IT

1. 달걀노른자와 설탕을 잘 섞은 뒤
2. 녹인 아이스크림과 생크림을 달걀에 조금씩 넣어가며 섞고
3. 작은 전자레인지용 컵이나 그릇에 2/3 높이로 담아서
4. 전자레인지에서 20초씩 두 번, 15초 한 번을 돌리고
5. 냉장고에서 차갑게 굳힌 뒤
6. 먹기 직전에 설탕을 고르게 뿌려 토치로 설탕을 녹이면 끝.

TIPS

❖ 전자레인지 세기는 반죽 익는 정도에 따라 5~10초 정도 길거나 짧아질 수 있어요.
❖ 반죽은 전자레인지에서 꺼낼 때 살짝 찰랑거리는 푸딩의 질감이에요.

그대를 설레게 하는 홈메이드 음료

만약 내가 술을 못 마시는 체질이라면, 또는 술보다는 조금 더 가벼운 음료를 곁들이고 싶다면 어떤 음료가 있을까요?
이번에는 집에서 만들 수 있는 간단한 홈메이드 음료 레시피를 소개합니다. 상큼한 과일 탄산수부터 테이블 스타일링을 한 뼘 더 근사하게 해주는 꽃얼음까지! 설렘을 담은 간단한 홈메이드 음료 레시피로 식탁을 더 풍성하게 만들어보세요.

모히토

READY 탄산수 1컵(200ml), 애플 민트 6장, 레몬 1개,
설탕 1.5스푼

MAKE IT
1. 애플 민트 5장은 칼로 다지고
2. 레몬은 반으로 갈라 즙을 짜고
3. 탄산수에 다진 애플 민트와 레몬즙, 설탕을
   넣고 잘 섞어서
4. 유리잔에 담고 애플 민트 1장을 얹으면 끝.

유자 밀크 셰이크

READY 유자청 1.5스푼, 우유 0.5컵, 바닐라 아이스크림
1스쿱, 얼음 4개

MAKE IT
1. 모든 재료를 믹서기에 넣고 갈아서
2. 유리잔에 담고
3. 바닐라 아이스크림, 또는 생크림 1스푼을
   얹어 유자청 건더기를 조금 올려주면 끝.

딸기 라씨

READY 딸기 10개, 우유 2/3컵, 요거트 0.5컵, 꿀 2스푼

MAKE IT
1. 모든 재료를 믹서기에 넣고 갈아서
2. 유리잔에 담고
3. 칼집을 낸 딸기를 얹거나 딸기가루를 뿌려 장식하면 끝.

꽃 얼음 자몽 에이드

READY 자몽 1개, 탄산수 1컵(200ml), 설탕 1스푼, 식용 꽃 또는 허브, 얼음용 물 적당량

MAKE IT
1. 얼음틀에 식용꽃과 꽃잎을 조금씩 떼어 넣고
2. 팔팔 끓인 물을 식힌 뒤
3. 얼음 용기에 부어 냉동실에서 얼리고
4. 자몽은 2등분해서 즙을 짜서 설탕을 섞고
5. 유리잔에 꽃얼음, 자몽즙, 탄산수를 순서대로 넣으면 끝.

아이스 밀크티

READY 홍차 1.5컵, 얼음 4개, 바닐라 아이스크림 3스푼

MAKE IT
1. 차를 우려서 한 김 식히고
2. 차에 바닐라 아이스크림을 넣어 녹이고
3. 유리잔에 얼음을 담고, 그 위에 밀크티를 부으면 끝.

TITLE : 뚝딱 만드는
한 잔 안주

2

코렌치 홍합탕

저는 프랑스 요리를 좋아해요. 한식 다음으로요. 어쩌면 한식
만큼이나 좋아한다고 할 수 있을 거예요. 아니, 정작 프랑스 땅
에는 발 한 번 디딘 적 없으니 프랑스풍이 가미된 음식을 좋아
한다는 편이 더 정확할 테지요.

가리는 재료 없이 여러 나라의 음식을 고루 좋아하는 편이지
만, 선택지가 전혀 없거나 너무 많을 때 주로 찾게 되는 음식은
역시 프랑스 음식인 것 같아요. 별다른 이유는 없지만, 아마도
한식 다음으로 자주 접했던 음식 장르가 프랑스 음식이기 때
문이 아닐까 싶어요.

생에 처음으로 접했던 파인다이닝도 프렌치였고, 미국에서 즐
겨 갔던 식당도 프랑스 음식이 기본이 되는 곳이었어요. 그러
다보니 한국에서도 프렌치 식당을 자주 가게 되고, 해외여행
을 가서도 그 지역에서 인기 있는 프렌치 식당에는 꼭 가보려
고 하게 되더라고요.

덕분에 프랑스 음식에 관심이 많아졌답니다. 프랑스 요리나
디저트에 관한 책이 보일 때면 꼭 한번은 훑어보고는 하지요.

밀폐된 비닐 봉지에 재료를 담아 일정 온도의 물에서 장시간 데우는 조리법인 수비드Sous-vide, 가금류의 자체 지방에 절여 조리한 음식인 콩피Confit처럼 식당에서 사용하는 조리법에도 때때로 눈길을 두며 내가 즐겨 먹는 음식이 어떤 원리로 어떻게 만들어지는지 알고 싶다는 생각을 해요.

그래서인지 요즘은 집에서도 가끔 프랑스 음식이나 프랑스의 향을 살짝 더한 요리를 한답니다. 지금 소개해드릴 코렌치 홍합탕도 그중 하나이지요.

코렌치 홍합탕은 프랑스식 홍합탕에 한국 청양고추를 넣었다고 해서 '코리아'의 '코'와 '프렌치'의 '렌치'를 더해 제가 붙인 이름이에요. 맑은 한식 홍합탕과는 달리 버터와 생크림이 들어가기 때문에 국물이 탁하고, 고소한 느낌이 강하지요. 여기까지만 들으면 꽤나 느끼할 것 같지만, 토마토 페이스트와 청양고추도 들어가기 때문에 오히려 개운하다는 느낌이 더 강해요. 양 많고 저렴하다며 대책 없이 그물째로 홍합을 사온 날에 해 먹기 좋은 메뉴예요.

국물 안주가 필요한 날에는 미식의 나라 프랑스의 홍합탕에 한국 고추를 송송 썰어 넣은 시원한 집밥표 코렌치 홍합탕 어때요? 우리가 즐겨 먹는 한식 홍합탕과는 또 다른 홍합의 매력을 발견할 수 있답니다!

양 많고 저렴해서 대책 없이 그물째로
홍합을 사온 날에 해 먹기 좋은 메뉴예요.

READY

홍합 16~20알, 화이트 와인 0.25컵, 버터 1스푼, 올리브유 0.5스푼, 생크림 또는 우유 0.5컵, 물 2.5컵, 마늘 2톨, 토마토 페이스트 2스푼, 청양고추 0.5개, 양파 0.5개, 후추, 타임 약간(생략 가능)

MAKE IT

1. 굵은 소금으로 홍합 겉면을 깨끗하게 씻고
2. 식용유를 두른 냄비에 홍합과 다진 양파를 넣어 1분간 볶다가
3. 화이트 와인을 부어 냄비 뚜껑을 닫아 홍합이 벌어지면 따로 꺼내고
4. 냄비에 버터, 마늘, 토마토 페이스트, 타임을 넣고 볶다가
5. 물과 홍합, 후추를 넣고 끓이고
6. 약불로 낮추어 생크림과 청양고추를 넣고 살짝 끓여내면 끝.

통 카망베르튀김

치즈스틱 광고가 처음 나온 날을 기억하나요? 손가락 모양의 바삭한 빵가루 튀김옷을 한입 베어 물면 고소한 모차렐라 치즈가 부드럽게 쭉 늘어나는 모습이 참 인상적이었지요?

햄버거 프랜차이즈에서 처음 선보였던 걸로 기억하는데, 저는 그때 초등학생이었어요. 치즈가 쭉 늘어나는 그 튀김이 어찌나 맛있어 보였던지, 어머니 눈치를 살피고는 했답니다. 당시에 오동포동했던 저는 살찐다며 단칼에 저지당했지만요.

모차렐라 치즈가 쭉 늘어나는 치즈스틱 때문인지, 제게 치즈란 무조건 녹으면 고무처럼 질기고 길게 늘어지는 이미지였어요. 물론 샌드위치에 넣어 먹는 체다 치즈도 있긴 하지만, 그건 가짜 치즈라는 느낌이 강했던 것 같아요.

그래서 미국에서 처음으로 오랜 염원이었던 만화 「톰과 제리」에 나오는 구멍 뚫린 삼각형의 에멘탈 치즈를 맛보았을 때는 꽤 당황스러웠던 것 같아요. 그 강한 누린내와 짠맛, 그리고 과할 정도의 부드러움은 그동안 익숙했던 피자 치즈나 치즈스틱 속의 통 모차렐라와는 분명 달랐으니까요. 특히 그 꼬릿한 치

카망베르 치즈튀김과 맥주 한 모금이면

오늘 하루의 고단함이 씻은 듯 날아길 거예요!

즈 누린내에 적응하기까지는 꽤 오랜 시간이 걸렸답니다. 물론 이제는 그 쿰쿰한 치즈 향이 좋아 없어서 못 먹을 정도로 치즈 귀신이 되었지만요.

그중에서도 안주로 즐겨 먹는 카망베르 치즈는 프랑스 노르망디 카망베르 마을에서 만들어지는 부드러운 소젖 치즈예요. 동그란 나무통으로 포장되어 나오는 작은 바퀴 모양이고, 코를 찌르는 꼬릿한 향과는 달리 그 맛은 고소하고 순하답니다. 꽃 향과 조화가 좋고, 베리류 과일, 견과류 등과 잘 어우러져 함께 곁들여 먹고는 하지요.

시카고에서는 이 카망베르 치즈와 카망베르의 사촌쯤 되는 브리 치즈를 튀겨서 내놓는 식당이 많아요. 이 브리 튀김은 치즈 스틱 속의 모차렐라와는 정말 차원이 다른 풍미와 부드러움을 보인답니다.

모차렐라 치즈스틱의 묘미가 끊어지지 않고 주욱 늘어나는 쫀득한 치즈였다면, 튀긴 카망베르와 브리 치즈는 커스터드 크림마냥 부드럽게 죽 늘어지는 식감이 일품이에요. 게다가 요즘은 서울의 미국 음식점이나 와인 바에서도 종종 볼 수 있다고 해요.

그래서 소개해요, 집에서도 즐길 수 있는 통 카망베르튀김! 얇은 튀김옷 속으로 포크를 내리찍으면 금세 부드러운 카망베르 치즈가 폭포수처럼 흘러나와요. 그럼 접시 바닥에 깔린 달콤시큼한 소스를 긁어 모아 치즈튀김과 함께 떠내어 구운 빵 위에 얹고, 빠뜨리지 않고 그 위에 다진 견과류를 얹어요. 쌉쌀한 에일 맥주 한 모금을 보탠다면 '아, 내가 이걸 먹기 위해서 오늘 하루 그렇게 고생을 했구나' 하며 하루의 노동을 보상받는 기분이 들어요.

카망베르 치즈는 가열하면 향은 한결 부드러워지고 풍미는 더 좋아지기 때문에 꽃이나 과일 향의 시럽, 음료에 잘 어울려요. 특히 쌉쌀한 과일주나 싱글몰트 위스키에 잘 어울리지요.

가끔 그럴 때가 있지 않나요? 묘하게 기분이 가라앉거나 술 한 잔 초라하지 않게 제대로 차려두고 먹고 싶을 때. 물론 바에 가면 가장 좋겠지만, 좀 더 편하게 혼자 먹고 싶은 날이라면 카망베르 치즈를 찾아보세요. 통 카망베르튀김이 다정한 술친구가 되어줄 거예요.

READY
카망베르 치즈 1개, 달걀 0.5개, 밀가루 1스푼, 빵가루 2.5스푼, 우유 2스푼, 식용유 2/3컵(프라이팬 크기에 따라 달라요), 메이플 시럽 또는 꿀 1.5스푼
소스 재료 토마토 페이스트 2스푼, 유자청, 꿀, 메이플 시럽 1스푼, 물 1.5스푼

MAKE IT
1. 소스 재료를 살짝 볶아 접시에 깔아두고
2. 달걀은 멍울지지 않게 잘 풀고
3. 빵가루는 우유에 적셔두고
4. 카망베르에 밀가루, 달걀, 빵가루 순으로 반죽을 입히고
5. 프라이팬으로 카망베르 높이 반만큼 기름을 달구어
6. 카망베르를 넣고 빵가루가 노릇해지는 정도로 튀긴 후
7. 소스 위에 얹고, 그 위에 시럽, 다진 아몬드를 올리면 끝.

TIPS
❖ 구운 빵이나 담백한 크래커를 곁들이면 좋아요.
❖ 프라이팬 너비가 좁을수록 적은 양의 기름으로 바삭하게 튀길 수 있어요.

유자 관자 타르트

타르트 좋아하세요? 달콤한 에그 타르트며 새콤달콤한 딸기 타르트, 고소한 피칸 타르트까지.

타르트는 디저트라는 인식이 강하죠. 아마도 우리가 카페나 빵집 진열장 속에서 화려한 색감의 과일, 견과류, 치즈, 초콜릿 필링이 가득 든 타르트에 익숙해졌기 때문일 거예요.

사실 프랑스에는 흔히 키슈Quiche 라고 불리는 달지 않은 식사용 타르트도 많다고 해요. 원래 타르트란 파이 틀에 밀가루 버터 반죽을 깔고 구워 속재료를 채운 음식을 뜻하기 때문에 꼭 달콤한 디저트일 필요가 없지요.

물론, 이 사실을 몰랐을 때 대학교 앞 단골 유럽 식료품점에서 감자와 게살, 브로콜리 등을 넣은 요상한 '타르트'를 팔고 있어 의아해했던 기억이 나요.

그래서 이번에는 달지 않은 식사용 타르트를 소개하려고 해요. 부담스럽지 않게 미니 사이즈로 만들어 전식으로 드시기 좋은 메뉴이지요. 바로 키조개 관자를 사용한 유자 관자 타르트입니다!

유자 관자 타르트는 마트나 편의점에서 쉽게 구할 수 있는 통밀 과자로 타르트지를 만들고, 두부 들깨 필링을 넣어 그 위에 얇게 저민 관자살과 유자소스를 얹는 전혀 새로운 형태의 타르트랍니다. 아기자기한 모양과 유자 향 가득한 풍성한 맛 때문에 당연히 카페나 식당에서 사왔을 것만 같은 쁘띠 타르트이지요. 게다가 타르트지를 따로 굽지 않아도 된다는 점도 하나의 매력 포인트이고요!

관자로 타르트를 만들 생각을 하게 된 건, 단순히 냉장고에 키조개가 너무 많았기 때문이었어요. 한창 조개구이에 열광했던 귀국 초기에는 키조개만 보이면 주구장창 사 날랐거든요. 사실 그 커다란 껍데기가 멋있어 보여서 어떻게 요리하던 간에 키조개 껍데기 안에 담으면 무조건 먹음직스러울 거라는 환상이 있었던 것 같아요. 문제는 그렇게 사들인 키조개가 너무 많았다는 거죠. 냉장고 안에만 해도 이미 대여섯 팩이 있었으니! 그렇다고 무작정 굽거나 볶아 먹고 싶지는 않아서 이탈리아식 주먹밥튀김인 아란치니처럼 이런저런 요리에 키조개를 넣어보았지요. 그러다가 불현듯 키조개 타르트라는 엉뚱한 조합도 생각해냈어요. 한창 창의적인 요리를 내는 모던 콘셉트의 식당에 심취해 있었던 점도 분명 영향을 미쳤을 거예요.

우아한 샴페인의 기포나 로맨틱한 로제와인의 핑크가 필요한 날에는 유자 관자 타르트로 그 기분을 더해보세요. 나만을 위해 정교하게 세공된 반지를 선물받는 기분일 거예요.

READY

키조개 관자 2개, 버터 1스푼, 호밀쿠키 3개, 소금 한 꼬집, 후추 한 꼬집
필링 재료 두부 0.5스푼, 캐슈넛 2/3스푼, 생크림 3.5스푼, 설탕 0.25스푼, 소금 한 꼬집
소스 재료 유자청 2스푼, 설탕 0.5스푼, 레몬즙 0.5스푼, 물 1스푼

MAKE IT

1. 관자를 얇게 저미고
2. 끓는 물에 관자를 5초간 데쳐 차가운 물에서 식히고
3. 필링 재료는 갈아두고
4. 비닐봉지에 호밀과자와 녹인 버터를 넣고 잘 부수어 섞어서
5. 위아래가 뚫린 틀 안에 넣어 냉장고에서 5분간 굳히고
6. 틀을 제거한 후 그 위에 필링, 관자 순으로 쌓고
7. 소금과 후추를 뿌리고 토치로 관자를 살짝 그을린 후
8. 소스 재료를 전자레인지에서 20초간 데운 뒤 관자 겉면에 발라주면 끝.

TIPS

❖ 호밀 과자를 틀에 넣을 때 가운데 쪽을 살짝 오목하게 눌러주어야 필링이나 관자가 흐트러지지 않아요.
❖ 두부를 싫어한다면 들깨가루를 1스푼 넣어보세요.

수란과 느타리버섯 바게트 보트

Oyster Mushroom을 아시나요? 버섯 끝부분이 굴과 닮았다고 해서 붙여진 이름이라고 하는데, 우리나라 말로는 느타리버섯 이랍니다.

나물이며 볶음, 탕까지 한식에서 자주 쓰이는 이 버섯은 오믈 렛, 스테이크 가니쉬 등 서양 요리에서도 자주 만날 수 있는 재 료예요. 특히 고급 호텔에서는 수란, 구운 아스파라거스와 함 께 치즈를 뿌려 먹는 프랑스식 아침 식사 메뉴로 큰 사랑을 받 는다지요.

그런데 이 아침 메뉴를 저녁에, 그것도 서울에 있는 비스트로 Bistro, 와인과 식사를 편하게 할 수 있는 식당 에서 만났답니다.

청담동에 있는 이 식당은 프랑스 음식과 와인을 파는 아담한 공간인데, 이곳만의 독특한 메뉴와 합리적인 와인 가격 때문 에 가끔 가곤 해요. 식사 약속이 있어서 처음 가보았다가 아늑 한 분위기와 맛있는 요리 때문에 금세 좋아하게 되었어요.

프랑스 식당인 만큼 이곳도 버섯을 잘 사용하는 편인데, 여태 껏 아침 메뉴로만 봤던 프랑스식 수란과 구운 느타리버섯에 생햄인 하몽을 얹고 트러플 오일을 뿌려 스페인의 맛을 더한 이곳만의 독특한 음식이 있었어요.

독특한 조리 방법으로 특허를 낸 이곳만의 수란에 하몽의 짭짤함이 더해져서 먹을수록 더 먹고 싶어지는 한 접시였어요.

그래서 이번에는 이 비스트로에서처럼 안주로 먹을 수 있는 수란과 버섯 요리를 소개하려고 해요. 마늘 버터에 구운 바게트 위에 짭조름하게 구운 느타리버섯과 수란을 얹어서 먹는 수란과 느타리버섯 바게트 보트입니다. 버섯 위에 얹은 수란의 배를 가르면 샛노랑의 노른자가 흘러내리며 배 위에서 깃발이 휘날리는 듯한 모양이 나온답니다.

Hello

친구들과 와인 한잔할 때

간단하면서도

독특한 음식이 필요하다면

꼭 도전해보세요!

READY

달걀 2개, 느타리버섯 1컵, 프로슈토 또는 베이컨 3장, 파르미지아노 레지아노 또는 그라파다노 같은 하드 계열 치즈, 바게트 0.2개(3등분한 바게트의 반쪽), 식초 0.5컵, 물 5컵, 소금 1스푼, 소금 한 꼬집, 후추 한 꼬집, 버터 0.5스푼, 올리브유 1.5스푼, 이탈리안 파슬리나 바질 등 생 허브나 허브가루(생략 가능)

MAKE IT

1. 깊은 냄비에 물과 식초, 소금을 넣어 중약불에서 끓이고
2. 달걀은 하나씩 그릇에 담아두고
3. 물이 끓으면 숟가락으로 냄비 가장자리를 시계 방향으로 강하게 휘저은 후
4. 냄비 정중앙에 달걀을 부은 후 4분간 기다리고
5. 수란은 채로 건져서 찬물에서 잠시 식혀두고
6. 바게트는 반으로 갈라 버터 녹인 프라이팬에서 단면을 굽고
7. 프라이팬에 올리브유를 둘러 느타리버섯, 소금, 후추 한 꼬집을 살짝 볶아서
8. 바게트 위에 차례대로 느타리버섯 – 수란 – 프로슈토 – 올리브유 – 치즈 – 다진 허브를 얹으면 끝.

불고기 칠리 프라이

처음으로 뉴욕에 갔을 때 가장 기대가 되었던 건 미슐랭 별을 받은 식당도, 유명 백화점도 아닌 작은 타코 트럭이었어요. 이 트럭에서는 김치타코라는 이름으로 저렴하게 한국식 멕시코 타코를 팔아요.

정해진 위치 없이 요일마다 장소를 바꾸며 뉴욕 소호와 미드타운 근처에서 주로 영업하는 특이한 푸드 트럭이었지요. "LA 에 코기Kogi 가 있다면 뉴욕에는 김치타코가 있다"는 우스갯소리가 있을 정도로 뉴욕 사람들의 사랑을 받는다고 하더라고요. 온라인으로 오늘의 트럭 위치를 확인하고 갔더니 장사 시작 전부터 사람들이 길게 줄을 서 있었어요. 재미있는 점은 그들 중 아시아인은 저 혼자였다는 거죠. 생각했던 것보다 많은 비 아시아인들이 트럭 스탭들과 친숙하게 인사하며 김치를 주문하던 모습이 꽤 인상적이었어요.

제가 시킨 메뉴는 갈비가 들어간 타코와 구운 치킨, 매운 돼지고기 타코였어요. 쭈뼛대며 주문을 하고 음식을 받아 나와서 주변 공원으로 향했지요. 공원에는 저처럼 푸드 트럭에서 사온 음식을 먹고 있는 사람으로 가득했어요. 그중에서 단연 눈길을 끌던 이는 은박지에 가득 들어 있는 벌건 김치를 포크로 퍼먹고 있던 히스패닉 남자였어요.

'한국인인 나조차 저 많은 김치를 밥 없이 먹진 않는데.'

자꾸만 힐끗거리게 되더라고요. 나중에 알고보니 그가 먹고 있었던 메뉴는 김치 프라이였습니다. 많은 양의 김치와 양념콩 등의 토핑을 얹은 감자튀김이더라고요.

불고기 칠리 프라이는 그때 그 김치 프라이를 응용하여 친구들과의 바비큐 파티 요리로 만들어본 거예요. 많은 양의 김치 대신 좀 더 달콤 짭짤한 양념의 불고기가 느끼한 감자튀김에 잘 어우러지지 않을까 싶었거든요. 일반적으로 치즈, 쇠고기, 양파, 사워크림 등 다양한 토핑을 얹어 먹는 멕시코식 감자튀김과 좀 더 비슷하기도 하고요. 파티에서는 감자까지 직접 튀기기가 번거로워서 햄버거 프랜차이즈에서 감자튀김만 주문하고, 불고기 토핑만 따로 만들어 그 위에 얹었어요. 소금기 없는 감자튀김에 다진 불고기 칠리를 얹어 간을 맞추고, 새콤달콤한 야채 토핑을 더해 감자튀김의 느끼함을 잡는 식으로 말이죠.

햄버거 프랜차이즈에서 감자튀김을 사오면 몇 개 먹기도 전에 식어버리고 질려서 케첩 없이 먹기 힘들잖아요? 그럴 때는 불고기 칠리 프라이로 새로운 맛으로 케첩을 대신해보세요. 여러 가지 토핑 때문에 속이 든든한 건 물론이고, 맛도 일품이랍니다. 특히 맥주 안주, 곁들임 음식, 여럿이 모이는 파티 메뉴로도 손색이 없고요! 불고기 칠리 프라이입니다.

READY

불고기용 쇠고기 0.5컵, 적양파 또는 흰양파 0.25개, 사워크림 1.5스푼(플레인 요거트 1스푼에 레몬즙이나 사과식초 0.5스푼으로 대체 가능), 소금기 없는 패스트푸드 감자튀김 R 사이즈, 베이크드 빈 2스푼(토마토 칠리소스의 콩 통조림), 다진 고수 2/3스푼(생략 가능), 다진 피클 또는 할라피뇨 1.5스푼(생략 가능), 칠리소스 1.5스푼(생략 가능), 파프리카가루(생략 가능), 올리브유 0.5스푼(생략 가능), 식용유 2/3스푼

양념 재료 간장 0.5스푼, 레드 와인 0.5스푼, 설탕 0.5스푼

MAKE IT

1. 쇠고기는 양념 재료에 버무리고
2. 적양파와 피클은 잘게 다지고
3. 기름기 없는 프라이팬에 감자튀김을 바삭하게 구워 접시에 담고
4. 프라이팬에 식용유를 둘러 쇠고기를 볶고
5. 감자튀김 위에 양파, 베이크드 빈, 불고기, 피클, 칠리소스, 사워크림, 고수, 올리브유를 얹으면 끝.

"나만의 레시피를 기록해보세요,
오늘은 어떤 기분으로 이 요리를 만들었나요?"

홈 마리아주

치킨을 먹을 때 어떤 술이 생각나나요? 물론 사람마다 조금씩 차이는 있겠지만, 아무래도 십중팔구는 맥주일 거예요. 마찬가지로 노릇노릇 익은 파전을 보면 막걸리가, 달콤한 초콜릿에는 위스키를 떠올리기 쉽죠. 이처럼 음식마다 특히 잘 어울리는 술이 있어요. 특히 특정 와인에 가장 적합한 요리를 곁들여 내는 것을 불어로 마리아주 Mariage 라고 부른답니다.

이번에는 음식과 짝이 되는 술을 몇 가지 소개해드리려고 해요. 어떤 음식에 어떤 음료를 곁들이느냐에 따라 음식의 맛에도 일부 영향을 미치기 때문에 참고하면 더욱 맛있는 한 끼를 완성할 수 있답니다. 모두 책에 있는 레시피들이니 혼밥, 혼술에 유용한 팁이 될 거예요.

샴페인 (드라이)

스프링 롤, 게살 롤 샐러드, 보리 샐러드,
유자 관자 타르트, 대파구이.

화이트와인 (드라이)

해산물 그라탕, 페스토 파스타, 가지 리소토,
수란과 느타리버섯 바게트 보트.

로제, 화이트와인 (스위트)

주머니 크레페, 대파구이,
수란을 얹은 아스파라거스구이.

레드와인(드라이)

대추를 품은 베이컨 돼지 소시지 볼,
메밀 갈레트와 시금치 비스크,
매운 뚝배기 스테이크, 삼겹살 파피요트.

맥주

대추를 품은 베이컨 돼지 소시지 볼,
족발 샐러드, 감자 그라탕,
갈릭 소보로 새우 파스타,
불고기 칠리 프라이, 통 까망베르튀김,
치킨 졸로프 라이스, 삼겹살 파피요트.

몰트 위스키

전자레인지 크렘브륄레.

막걸리

불고기 부추전.

고량주

가지튀김과 마파두부소스.

사케

닭고기 볶음 우동, 삼치 덮밥, 코렌치 홍합탕.

청주

으깬 감자와 단호박을 곁들인 소불고기,
코렌치 홍합탕, 잣 소스와 쇠고기 대파 말이.

TITLE : 나눠 먹으면
더 맛있는 식사

3

잣소스와 쇠고기 대파 말이

한국인에게는 역시 한식이 제일인 것 같아요. 어릴 때부터 입에 익숙해진 맛이다보니 해외에서 아무리 맛있는 음식만 먹는다 해도 꼭 밥 생각이 날 때가 있거든요.

하지만 너무 익숙해서일까, 그 가치와는 달리 평가절하될 때도 많은 것 같아요. 단 몇 분만에 먹어 치울 때는 지난 수십, 많게는 수백 분간 그 음식을 만드느라 시간 보냈을 이의 노력과 과정이 보이지 않기도 하니까요.

모든 음식에는 오랜 시간과 정성이 들어가지만, 그중에서도 우리 한식은 유독 시간과 정성에 따라 맛이 크게 달라지는 요리인 것 같아요. 더덕구이 하나도 더덕을 편 썰어 부스러지지 않게 두들기고, 초벌에 양념을 발라가며 은근히 구워내야 하니 보통 시간과 정성이 들어가는 게 아니지요.

그래서 한식만큼은 늘 제대로 배워보고 싶다는 생각이 강해요. 평소 레시피를 찾아보는 성격이 아니지만, 궁중한식이나 전통요리는 고서나 어머니를 통해 제대로 된 요리법과 칼질을 숙지하려고 하는 편이에요. 부모님 댁에 갈 때도 요리하는 어머니 곁에 서서 이것저것 여쭈어보거나 지도를 받고요.

궁중한식에 대한 책을 읽으며 가장 관심이 많이 갔던 건 바로 견과류의 쓰임새였어요. 주로 잣이나 호두가 사용되었는데, 특히 잣은 임자수탕이나 초계탕처럼 차가운 탕요리의 국물이나 곁들임 양념으로 자주 사용되었다고 해요. 육류와의 맛 궁합이 좋아서 주로 육류 요리에 애용되었고요.

이번에 소개할 잣소스와 쇠고기 대파 말이에서 잣소스를 사용한 이유도 바로 쇠고기와의 조화가 좋기 때문이었어요. 잣 특유의 고소한 향이 혹시라도 남아 있을 수 있는 대파의 매운 향과 쇠고기의 느끼함을 은근하게 잡아준답니다.

이 잣소스를 곁들인 쇠고기 대파 말이를 만들게 된 건, 어느 여름에 유독 저렴한 가격으로 시장에 나온 두릅 때문이었어요. 저렴한 가격에 생각 없이 한 바구니 사왔던 땅두릅은 아무리 데쳐 먹고 지져 먹어도 사라질 것 같지가 않더라고요. 비닐에 뿌리를 내리고 끝없이 개체 수를 늘려가는 것만 같았달까요? 결국 나중에는 질리고 질려 두릅을 먹어 치우기 위해 친한 친구들을 동원하는 사태까지 벌어졌지요. 일단 친구들을 부르기는 했는데 두릅을 죄다 데쳐서 초고추장과 줄 수도 없는 노릇이지 않겠어요?

어떤 메뉴를 준비해야 손이 덜 가면서도 초대한 친구들에게 미안하지 않은 맛과 모양새를 낼 수 있을까 꽤 고민했지요.

그때 번쩍 떠올랐던 메뉴가 바로 궁중요리책에서 본 적 있는 쇠고기 두릅 말이었어요. 예부터 쇠고기 두릅 말이는 새콤달콤한 매실간장소스를 두릅 말이에 끼얹어 먹는 궁중 여름 별식이었다고 하니, 이거라면 손쉽게 만들면서도 미안하지 않게 먹일 수 있겠구나 싶어 냉큼 마트에서 사온 샤브샤브용 부채살로 만들어보았지요.

그런데 먹어보니 맛은 있는데 왠지 이 매실간장소스가 조금 아쉽더라고요. 너무 익숙한 맛이라 좀 더 색다르지만 잘 어울리는 소스가 없을까 싶어 찬장을 뒤졌지요. 그랬더니 한동안 잣죽에 빠져 있을 때 사둔 잣이 눈에 딱 들어오더군요! 그렇게 만들게 된 짝꿍이 바로 잣소스랍니다.

다만, 두릅 철이 지났을 때를 대비해 두릅을 대신할만 한 재료를 찾다보니 대파를 사용하게 되었어요.

두릅 대신 대파를 넣어 만든 쇠고기 대파 말이는 두릅 말이와는 다른 향과 매력을 지녔어요. 두릅의 쌉싸름한 향이 없어진 대신, 대파의 매콤한 향과 달콤한 맛이 더해졌지요. 특히 대파는 고소한 맛과 잘 어울리기 때문에 잣소스와의 조화도 일품이랍니다. 물론, 쇠고기와 잣소스의 궁합은 언제나 그렇듯 더할 나위 없이 좋고 말이죠.

소스 재료를 믹서기로 갈고, 전분 묻힌 쇠고기에 대파를 놓고 말아서 구우면 끝이기 때문에 집들이나 하우스 파티에 후다닥 내놓기 좋은 메뉴랍니다. 어른들과 함께 식사하는 자리에서 준비해도 점수 따기 좋아요.

여러 사람 함께하는 자리에 어떤 메뉴를 준비해야 할까 고민스러울 때는 간단하지만 근사해 보이는 잣소스와 쇠고기 대파 말이를 준비해보세요. 요리 솜씨 칭찬이 끊이질 않을 거예요!

READY
쇠고기 샤브샤브용 200g, 대파 1.5뿌리, 소금 0.5스푼, 식용유 2스푼
소스 재료 잣 2스푼, 참기름 0.5스푼, 우유 2.5스푼, 설탕 0.3스푼, 소금 0.25스푼

MAKE IT
1. 대파는 쇠고기와 같은 길이로 자르고
2. 소스 재료는 믹서기로 갈고
3. 쇠고기 안쪽에 간장과 설탕을 섞은 양념을 가볍게 발라주고
4. 앞뒤로 전분을 바르고
5. 대파를 쇠고기 안에 단단하게 말아두고
6. 식용유 두른 프라이팬에 쇠고기 대파 말이를 굴려가며 노릇하게 구우면 끝.

판자넬라

프랑스의 아침은 바게트 굽는 냄새와 함께 시작된다고 해요. 길거리에는 종이에 든 바게트를 들고 집으로 향하는 사람들이 쉬이 보이고, 빵집 출입문에 달린 풍경은 쉴 새 없이 딸랑거리죠. 갓 나온 바게트를 서너 등분 해서 버터 바른 샌드위치를 만들고, 아이가 먹을 조각에는 잼을 듬뿍 얹어주어요. 그래서인지 프랑스인에게 바게트는 '가족'의 이미지가 강하다고 해요.

하지만 혼자 사는 한국 여자인 제게 바게트는 맛있는 짐덩이처럼 느껴질 때가 더 많아요. 사온 당일에야 맛있지만 금세 굳어서 끝까지 맛있게 먹는 경우가 거의 없으니까요. 늘 먹다 남은 바게트가 눈에 띌 때마다 저걸 버려야 하나 뭐라도 만들어야 하나 고민스럽답니다. 물론 아까운 마음에 어떻게든 먹으려고 노력하지만, 굳어버린 빵이 번듯한 한 접시 요리가 되기에는 아무래도 부족하다는 생각이 들고요.

판자넬라Panzanella 는 이렇게 먹다 남은 바게트, 식빵, 호밀빵 등 필링이 없는 빵을 처리하기 좋은 음식이에요.

큰 그릇에 빵과 야채를 버무려 먹는다고 해서 빵을 뜻하는 파네Pane 와 그릇을 뜻하는 자넬라Zanella 라는 단어가 합쳐져서 만들어진 이름이에요. 무더운 여름 이탈리아 중부에서 즐겨 먹는 빵 샐러드인데, 판자넬라 페스티벌이 있을 정도로 이탈리아 사람들에게 사랑을 듬뿍 받는 음식입니다.

처음에는 가난한 농부들이 오래된 빵을 먹기 위해서 수분이 많은 샐러드에 넣고 버무렸다고 해요. 만들기 쉽고 그 맛도 좋아 오늘날까지 사랑을 받고 있고요. 딱딱해진 빵을 물에 적셔 수분을 흡수시킨 다음 물기를 빼내어 샐러드 재료와 섞어 드레싱을 뿌리는 게 전부라서, 갑작스럽게 손님이 방문했을 때 재빨리 버무려 손님상에 내기도 좋지요.

특히 취향대로 샐러드 재료를 다르게 할 수 있기 때문에 소스 비율과 빵 준비 방법만 기억하면 응용하기에도 좋아요. 아이들이 먹는 샐러드에는 빵을 좀 더 작게 잘라 크루통처럼 준비하고, 와인 안주로 먹을 때는 샐러드를 올려 먹을 수 있도록 비스듬하고 큼직하게 자르는 식으로 말이죠. 나만의 판자넬라, 만들어볼 준비 되었나요?

READY
방울토마토 7개, 오이 0.5개, 양파 0.25개, 치커리 4장(생략 가능), 로메인 6장 또는 양상추 3장, 바게트 0.3개, 파르미지아노 레지아노, 블랙 올리브 4알, 소금 한 꼬집, 후추 한 꼬집, 다진 견과류 1스푼
소스 재료 엑스트라 버진 올리브 오일 0.5컵, 발사믹 식초 또는 사과식초 0.5스푼, 레몬즙 또는 사과식초 1스푼, 꿀 0.5스푼 또는 설탕 0.3스푼

MAKE IT
1. 빵은 6등분하고
2. 올리브 오일을 두른 프라이팬에서 노릇하게 구워 치즈를 갈아 올리고
3. 로메인과 치커리는 3등분, 양파는 채 썰고, 방울토마토는 반으로, 오이와 블랙 올리브는 얇게 썰어서
4. 볼에 모든 재료를 넣어 드레싱에 버무린 후
5. 치즈를 갈고 다진 견과류를 뿌리면 끝.

TIPS
❖ 샐러드 재료는 취향에 따라 바꾸어보세요.

비빔밥 대신 비빔떡

도플갱어를 만나면 어떤 기분일까요? 나와 얼굴, 체구, 목소리까지 똑같은 사람이라니. 저는 슬플 것 같아요. 나를 대체할 수 있는 사람이 생기는 셈이니 더 이상 내가 유일무이한 존재가 아니라는 생각이 들어 서운하지 않을까 싶어요.

하지만 한 뼘 더 생각해보니 나와 똑같이 생겼다고 해서 내가 될 수는 없을 것 같기도 해요. 지난 경험에서 얻은 기억이며 사소한 습관, 마음가짐까지 나와 똑같지는 않을 테니까요.

음식도 마찬가지인 것 같아요. 아무리 똑같은 재료를 사용해도 식감이나 맛이 달라 전혀 다른 음식처럼 느껴질 때가 있지요.

개성모약과와 궁중약과가 그 대표적인 예가 아닐까 싶어요. 분명 들어가는 재료는 같은데, 만드는 방법을 달리해서 모양내는 법을 다르게 했더니 그 둘의 맛은 확연히 다르게 느껴진답니다. 이번에 소개해드릴 비빔떡과 비빔밥도 마찬가지이고요.

비빔떡은 순전히 비빔밥 재료를 밥 대신 떡과 함께 먹으면 어떨까 하는 호기심에 처음 만들어봤던 요리예요. 가끔 갓 뽑아낸 가래떡이 먹고 싶을 때가 있는데, 그럴 때면 떡집에서 뜨끈한 가래떡을 사와 달콤한 꿀이나 엿에 찍어 먹고는 하지요. 그 달콤함이 질릴 즈음에는 궁중떡볶이를 해 먹고, 그래도 떡이 남으면 떡을 녹여 콩고물에 찍어 먹거나 매콤한 떡볶이를 해 먹거나 하는 식이고요.

비빔떡을 만들어보았을 때는 아마도 궁중떡볶이를 만든 후 지단과 쇠고기 고명, 오이채 등 남은 부재료를 처리할 궁리를 하고 있었던 것 같아요. 보통 궁중떡볶이 재료가 남을 때면 달걀 프라이 하나 구워 비빔밥을 만들어 먹지만, 그날따라 무슨 바람이 불었는지 밥 대신 떡으로 비빔밥을 만들어보면 어떨까 하는 장난스러운 생각이 떠올랐답니다. 물론 단순히 밥하기가 귀찮기도 했어요.

앙증맞은 달걀 프라이와 공만 한 새싹을 얹은 비빔떡은 비빔밥과는 또 다른 매력을 보여준답니다. 떡도 쌀로 만드니까 분명 비빔밥과 같은 재료인데 어째서 비빔밥과는 다른 음식처럼 느껴지는지 신기하기도 해요. 아무래도 입안에서 가래떡의 쫄깃한 식감의 비중이 너무 크기 때문일지도 모르겠어요. 하지만 매콤한 고추장소스와 채 썬 야채는 밋밋한 가래떡의 맛에 재미를 한 줌 불어넣지요.

고추장소스를 사용했지만 떡볶이나 비빔밥과는 확연히 다른 맛의 비빔떡. 지루한 일상에 맛있는 재미 한 줌이 필요할 때 비빔떡을 만들어보세요. 기분 좋은 미소가 얼굴에 걸릴 거예요!

궁중 떡볶이를 해 먹고 남은 재료를 활용해본 한접시예요.

장난스러운 느낌이지만 맛과 영양이 고루 들었답니다.

READY

굵은 가래떡 15cm 1.5줄, 시금치 줄기를 꽉 쥐었을 때 500원짜리 동전만큼, 소금 0.3스푼, 콩나물 100원짜리 동전만큼, 고추기름 2스푼, 식용유 1스푼, 다진 쇠고기 3스푼, 달걀 1개, 소금 한 꼬집, 후추 한 꼬집

소스 재료 고추장 1스푼, 굴소스 0.5스푼, 설탕 0.5스푼, 간장 0.5스푼, 참기름 0.3스푼, 물 1스푼

MAKE IT

1. 떡은 반으로 가른 뒤 먹기 좋은 길이로 썰고
2. 식용유에 쇠고기, 콩나물, 시금치 순으로 볶고
3. 콩나물 숨이 죽기 시작하면 소스 재료를 넣고 중불에서 빠르게 뒤섞고
4. 고추기름을 두른 후 접시에 담고
5. 새싹과 달걀 후라이를 얹으면 끝.

TIPS

❖ 떡이 굳어 있을 때는 찬물에 10분 정도 넣어두어요.

점보 미트볼 컵 파스타

연트럴 파크라고 들어보셨나요? 연남동에 있는 경의선 숲길을 일컫는 말이래요. 연남동의 센트럴 파크라고요. 상대적으로 저렴하고 다양한 먹거리와 예쁜 풍경 때문에 사랑을 받고 있지요. 연트럴 파크에 가면 제일 먼저 공원을 빼곡히 둘러싸고 있는 음식점과 세계 맥주 판매점이 보여요. 그중에서도 독특한 테이크아웃 전문점이 여럿 보이는데, 종이컵에는 음료를 팔고 그 뚜껑에는 찹스테이크를 담은 접시가 붙는다거나, 텍사스식 바비큐를 담은 종이 상자를 팔기도 하는 개성 있는 메뉴가 있는 곳이 많더라고요.

공원 벤치이며 잔디 위에 앉아 맥주와 테이크아웃 음식을 즐기는 젊은이들을 보니 오래 전 미국 청소년 주 정부 프로그램 캠프에서 먹었던 슬러피조Sloppy Joe 가 생각났어요.

슬러피조는 토마토소스에 간 쇠고기와 칠리빈을 넣어 만든 소스를 빵에 넣어 먹는 미국식 햄버거예요. 시큼 짭쪼름한 소스와 쇠고기가 묘하게 잘 어울려서 전투 식량으로 나올 정도로 오랜 시간 미국인들의 큰 사랑을 받아온 간식이에요. 게다가

고기소스만 만들면 끝인 간단한 메뉴라 큰 행사나 청소년 캠프에서 흔히 볼 수 있답니다.

제가 그 캠프에서 먹었던 슬러피조는 일반적인 간 쇠고기 토마토소스가 아니었어요. 길게 찢은 바비큐 토마토소스Pulled Pork Sloppy Joe 였어요. 부피가 작은 갈은 고기가 아니라서 그런지 빵 위에는 빵 높이의 두 배로 바비큐 고기가 쌓이게 되었지요. 그 고기소스의 양이 어찌나 많던지, 빵이 덮이질 않아 투명 플라스틱 컵에 일부 덜어두고 먹었을 정도예요.

그렇게 빵을 먹고 나니 컵 안의 고기소스가 아깝지 뭐예요. 그래서 배식 담당에게 삶은 스파게티 면을 부탁했지요. 그랬더니 너무나도 흔쾌히 스파게티 면을 컵에 담아주더라고요.

알고 보니 양이 어마무시한 고기소스 때문에 면을 요청하는 학생이 저뿐이 아니었더라고요. 어느새 빵이 담겨 있던 쟁반에는 삶은 스파게티 면이 수북이 담겨 있었답니다. 그렇게 다들 디저트로 바비큐 컵 스파게티를 먹었어요.

 점보 미트볼 컵 파스타는 캠프에서 먹었던 그 바비큐 컵 스파
게티를 떠올리며 만든 메뉴예요.

투명한 플라스틱 컵에 조금씩 파스타를 담고, 그 위에 커다란
점보 미트볼과 토마토소스를 담았기 때문에 모양과 맛을 함께
살릴 수 있지요. 들고 다니기 편하기 때문에 서서 대화하는 스
탠딩 파티나 아이들이 함께하는 자리에서 그 장점이 특히 빛
난답니다.

컵에 담겼기 때문에 자칫 양이 적어 보일 수 있지만, 주먹만 한
미트볼이 있어 부족한 느낌은 없을 거예요. 물론 컵 대신 접시
에 담아 한 끼 요리로 먹는 것도 추천해요!

매콤 달콤한 칠리 토마토소스에 육즙 가득한 점보 미트볼을
얹은 점보 미트볼 컵 파스타를 손님 맞이 메뉴로 추천합니다.
재미와 맛을 함께 대접할 수 있을 거예요.

컵에 담겼기 때문에 자칫 양이 적어 보일 수 있지만,

주먹만 한 미트볼이 있어 부족한 느낌은 없을 거예요.

물론 컵 대신 접시에 담아 한 끼 요리로 먹는 것도 추천해요!

READY

쇠고기 다짐육 0.5컵, 돼지고기 다짐육 0.5컵, 소금 0.3스푼, 후추. 한 꼬집, 양파 0.25개, 다진 마늘 2스푼, 빵가루 4스푼, 우유 3스푼, 식용유 2스푼, 펜네 1.5컵, 물 3컵과 2.5스푼, 소금 1스푼, 올리브 오일 1스푼

소스 재료 토마토 페이스트 3스푼, 다진 양파 2스푼, 물 2.5스푼, 월계수잎 1장(생략 가능), 파르미지아노 레지아노 또는 그라파다노 등 하드 계열 치즈, 이탈리안 파슬리 또는 파슬리 가루 0.5스푼

MAKE IT

1. 양파는 잘게 다지고 빵가루는 우유에 불리고,
2. 쇠고기, 돼지고기, 소금, 후추, 마늘, 양파, 빵가루를 함께 치대어 미트볼 2개를 빚고
3. 식용유를 두른 프라이팬에 미트볼 양면을 굽다가 물 2.5스푼을 넣고
4. 젓가락으로 찔렀을 때 육즙이 나오지 않을 때까지 약불에서 익힌 뒤 접시에 옮겨두고
5. 냄비에 소금 1스푼과 물을 끓여 파스타를 삶고
6. 프라이팬에 식용유를 두르고 양파와 토마토 페이스트를 볶다가
7. 물, 월계수 잎을 넣고 끓으면 미트볼을 넣고
8. 약불에서 소스가 되직해질 때까지 끓인 뒤 파스타를 넣고
9. 투명 컵에 파스타와 소스를 2/3정도 채우고
10. 그 위에 미트볼 1개와 파슬리, 치즈를 듬뿍 갈아 얹으면 끝.

TIPS

❖ 미트볼은 살짝 납작하게 빚어야 굽기 쉬워요.

치킨 졸로프 라이스

해외 생활을 오래해서 좋은 점이 있다면, 다양한 문화권의 사람들을 만날 수 있다는 거예요. 가깝지만 먼 나라 일본부터 지구 반대편의 불가리아, 문화와 역사의 중심 바티칸까지. 책에서만 봤던 나라들에서 온 사람들과 직접 어울리며 음식이나 음악을 통해 그 문화를 엿볼 수 있었지요.

특히나 시카고처럼 큰 도시에서는 각 문화의 커뮤니티가 형성되어 있는 데다가 유학생이 워낙 많아서 다양한 문화를 접할 기회가 많았어요.

그렇게 여러 나라 출신의 친구들을 만나며 맛본 다양한 음식 중에서 가장 기억에 남는 건 아직까지도 낯선 헝가리의 굴라쉬와 소말리아식 졸로프 라이스Jollof Rice 였어요.

졸로프 라이스는 나이지리아, 소말리아 등 서아프리카 국가에서 즐겨 먹는 불그스름한 쌀 요리입니다. 생일을 맞은 소말리아 출신의 친구 세 자매가 하우스 파티에 야심차게 준비한 메뉴였지요.

사실 처음에는 프랑스인 친구가 가져온 시금치 키쉬와 저와 친구가 만들어 갔던 바클라바에 신경을 쓰느라 졸로프 라이스에는 손이 안 갔어요. 아프리카 음식은 처음이었기 때문에 약간의 두려움도 있었고, 졸로프 라이스를 준비한 세 자매는 요리보다는 패션에 관심이 더 많은 친구들이었거든요. 실제 제가 미국에서 본 여성들 중 가장 패션 감각이 뛰어난 자매들이기도 하고요.

하지만 연거푸 졸로프 라이스를 퍼오는 옆자리 친구를 보니 그 맛이 궁금해져서 조금 덜어와 맛보게 되었지요. 그러고는 그 이국적이고 새로운 맛에 곧장 졸로프 라이스의 팬이 되었답니다!

졸로프 라이스는 스페인의 빠에야와 비슷하면서도 서로 다른 요리임을 알려주는 정체성 짙은 향을 지니고 있어요. 고기가 들어가 있는 데도 향긋하다는 표현이 어울린다고나 할까요? 알고 보니 그 비밀은 졸로프 라이스에 쓰이는 바스마티 품종의 쌀에 있다고 해요.

연기푸 졸로프 라이스를 퍼오는
옆자리 친구를 보니 그 맛이 궁금해져서
조금 덜어와 맛보게 되었지요.
그러고는 그 이국적이고 새로운 맛에
곧장 졸로프 라이스의 팬이 되었답니다!

소말리아에서는 이 졸로프 라이스를 만들 때 신의 곡식이라고
도 불리는 바스마티 쌀을 사용한대요. 겉보기에는 안남미와 비
슷하게 생겼지만 그와 달리 식감이 부드럽고 향긋하답니다. 그
래서 식어도 육류 특유의 잡내 없이 향긋하게 즐길 수 있지요.
잠깐, 우리 집에는 바스마티 쌀이 없으니 이번 요리는 그냥 포
기하겠다고요? 걱정하지 마세요. 소개해드릴 레시피는 햇반을
사용한 집밥표 졸로프 라이스니까요.
칼륨과 칼슘이 풍부해서 아프리카 음식에 흔히 사용되는, 풋
고추를 닮은 오크라 대신 그린빈을 쓸게요. 마트에서 손쉽게
구할 수 있는 재료랍니다. 소말리아 사람들의 소울 푸드 졸로
프 라이스. 마트에서 손쉽게 구할 수 있는 재료로 그 정취를 즐
길 준비되었나요?

READY
닭다리살 1컵, 식용유 1스푼, 양파 0.5개, 토마토 페이스트 2스푼, 치킨스톡 큐브 0.5개, 데우지 않은 햇반 2개 또는 쌀 1컵, 파프리카 가루 2/3스푼(생략 가능), 노란색 피망 1개, 오크라 2개(완두콩 또는 줄기콩, 생략 가능), 고수 잎 반 줌 또는 코리엔더 0.5스푼, 전분 또는 밀가루 1.5스푼, 식용유 2스푼, 물 1컵
소스 재료 홍피망 0.5개, 마늘 2쪽, 홀토마토 400g 또는 여자 주먹 크기 토마토 2개, 생강 엄지손톱 크기로 1톨, 청양고추 0.5개 또는 매운 고춧가루 1스푼

MAKE IT
1. 소스 재료는 믹서기로 곱게 갈고
2. 닭에 소금, 후추를 섞은 전분을 입히고
3. 식용유를 두른 프라이팬에서 바삭하게 구워 접시에 옮겨두고
4. 같은 팬에서 양파, 토마토 페이스트와 갈아둔 소스를 볶다가 물과 치킨스톡 큐브를 더하고
5. 물이 끓으면 닭과 햇반, 반으로 썬 그린빈을 넣고
6. 약불에서 소스가 밥에 스며들 때까지 졸인 후
7. 불을 끄고 파프리카 가루와 다진 고수 잎을 뿌려주면 끝.

TIPS
❖ 생닭 대신 먹다 남은 치킨을 사용해도 맛있어요. 치킨을 사용할 때는 과정 2와 3을 제외해주세요.
❖ 햇반 대신 쌀을 사용할 때는 씻어서 물기를 뺀 쌀을 과정 4의 양파와 함께 넣어 볶고, 물의 양을 1.5컵으로 늘려주세요.

손쉽게 구할 수 있는 재료로

멀게만 느껴졌던 나라의

정취를 즐겨보세요.

"나만의 레시피를 기록해보세요,
이국적인 정취는 취향에 맞나요?"

모임, 파티용 스타일링

가끔 친구들을 집에 초대하거나, 공간을 빌려 바비큐 파티를 할 때가 있어요. 특히 미국에서 지낼 때는 술을 안 마셨기 때문에 자주 못 만나는 친구들을 토요일 다과나 점심 식사에 초대해서 안부를 주고받고는 했답니다. 그럴 때면 요리만큼이나 신경 쓰이는 게 바로 테이블 스타일링이었어요. 손님 입장에서는 작은 소품이나 접시 놓는 위치 하나만으로도 대접받는다는 기분을 받으니까요.

그래서 이번 장에서는 집들이나 집에 손님이 왔을 때, 또는 여러 명 함께하는 식사 자리에 어울릴 작은 테이블 스타일링 팁을 소개할게요.

테이블 스타일링

센터피스   01

테이블이 작아도 좋아요. 빈 잼 병이나 향수 공병 등 작은 유리병에 생화 한 송이를 꽂아 테이블 중앙이나 중앙을 살짝 벗어난 곳에 놓아 보세요. 훨씬 생기 있는 테이블이 완성되어요.

만약 꽃을 놓을 수 없다면 초록 잎을 사용해주세요. 이파리 서넛 붙은 가지를 잘라 깨끗이 씻어 물기를 제거한 후에 개인용 앞 접시 밑에 비스듬히 깔아주세요.

앞 접시와 테이블 매트   02

앞 접시와 테이블 매트가 있으면 식사 중에 음식을 흘려도 덜 미안해지겠지요. 테이블 매트는 있으면 좋고 없으면 그만이지만, 앞 접시만큼은 가급적 준비하는 게 좋아요.

냅킨   03

천으로 된 냅킨은 예쁘지만 아무래도 집에서 사용하기에는 효율적이지 않아요. 사용 후 버릴 수 있는 일회용 냅킨이 준비하는 사람도 더 편하고, 사용하는 사람도 덜 미안하답니다. 클래식하게 천 냅킨을 내놓고 싶다면 식탁 한 쪽에 종이 냅킨을 따로 준비하는 것을 추천해요.

집게   04

만약 큰 접시나 볼에 메뉴별로 음식을 담아놓고 덜어 먹는 자리라면 집게와 국자를 함께 준비하면 좋아요. 음식을 덜지 않고 거리낌 없이 함께 먹을 수 있는 사이라고 해도, 그 준비성에 조금 더 감동받을 거예요.

이름표   **05**

이름표는 제가 가장 추천하고 싶은 스타일링 팁이에요. 너무 얇지 않고 손가락만 한 종이에 손님의 이름을 쓰고, 종이 귀퉁이에 구멍을 뚫어서 마끈을 꿰어요. 이걸 와인 코르크에 감아서 리본을 묶어주면 귀여운 이름표가 완성되지요. 이 이름표를 앞 접시와 커트러리 사이의 공간에 놓아둔 적이 있는데 그날 손님들이 좀 더 특별해진 느낌을 받았다고 해요.

테마 색   **06**

테마 색을 정해두는 것도 좀 더 정갈하고 짜임새 있는 느낌을 준답니다. 특히 식탁이 작을 수록 여러 색의 소품이나 그릇을 사용하는 것보다는 한두 가지 색상으로 통일감을 주는 게 훨씬 식탁을 넓어 보이게 해요.

예를 들어볼게요. 식탁 위에 노란색 해바라기 꽃이 장식되어 있다면 식기는 무채색으로 하고, 모든 장식은 노란색 계열로 통일해보세요. 만약 큰 식탁을 꾸며야 한다면 화병 주둥이에 마끈이나 리본을 달고, 같은 재질의 같은 색 끈으로 개인용 커트러리를 묶어주면 식탁 간격이 좀 더 좁아 보여요. 깔개나 냅킨도 무채색이 아닌 이상 다른 소품과 색상을 통일시키는 게 좋답니다.

간단한 후식   **07**

메뉴가 하나뿐인 식사라고 해도 후식이 있느냐 없느냐에 따라 먹는 사람의 만족도가 달라지는 것 같아요. 과일 한 조각이라도 좋으니 식사를 마쳤다는 표시로 간단한 후식을 준비하면 먹는 사람도 입가심이 되어 더 만족할 거예요.

TITLE : 집 밖에서
발휘하는
혼밥 내공

4

삼겹살 파피요트

저는 혼자 시간을 보내는 걸 좋아해요. 오롯이 나만의 시간이니까요. 다음 페이지로 넘어가기 위한 쉼표처럼 느껴지기도 하고요. 평소 사람들과의 만남이 잦기 때문에 정신 없이 일정에 끌려 다니다보면 하루가 금방 지나가버리니까요.

덕분에 집에 돌아오면 아무 생각이 들지 않을 정도로 고단할 때가 많아요. 고민거리가 있거나 생각을 정리할 시간이 필요해도 혼자 있을 틈이 없으니 자꾸 미루게 되고요. 그래서인지 언제부터인가 아침 시간과 주말만큼은 최대한 혼자 보내려고 하는 편이에요.

휴대폰은 눈 밖으로 밀어두고, 방 안을 좋아하는 음악으로 가득 채운 채 창문 너머 높아진 가을 하늘을 마주 보고 앉아 지난 한 주를 되짚어보면 이 혼자만의 시간이 금세 풍성해져요. 평소 읽고 싶었던 책을 읽기도 하고, 가로수를 따라 조깅하거나 여유롭게 밥상을 차리기도 하지요. 때때로 그림을 그리기도 하고요.

파피요트En Papillote 생각이 났던 건 잔잔한 바다 위에 흰 돛을

단 배를 그릴 때였어요. 파피요트는 기름종이로 봉투를 만들어 그 안에 음식을 넣고 구워내는 요리법이랍니다. 그 이름 중간에 '요트'가 끼어 있기 때문인지, 때때로 음식을 담고 떠 있는 새하얀 돛단배 같다는 생각이 들어요.

파피요트에는 부드러운 생선이나 채소를 사용하지만, 마침 집에 마땅한 재료가 없어서 삼겹살을 이용해보았어요. 그리고 삼겹살과 잘 어울리는 감자, 마늘, 토마토 등을 함께 넣었더니 색다르지만 맛있는 삼겹살 요리 한 접시가 완성되었답니다.

특히 부드러운 삼겹살 한 점에 기름으로 겉면이 바삭하게 구워진 감자와 달콤한 사과 콤포트를 얹으면 그 다양한 식감과 달콤 짭조름한 맛이 일품이지요. 다른 요리들에 비해서 조리 시간이 꽤 긴 편이지만, 그 맛을 보면 결코 시간이 아깝지 않답니다. 휘리릭 오븐에 넣은 후 다른 할 일을 하다보면 시간이 금세 지나가기도 하고요.

뱃머리의 돛이 거칠게 휘날리는 돛단배를 닮은, 삼겹살 파피요트. 오늘은 늘 굽거나 삶기만 했던 삼겹살 대신 친숙하면서도 이국적인 삼겹살 파피요트와 사과 콤포트로 색다른 한 접시, 어떠세요? 조심스럽게 흰 돛을 걷어내면 배 위에 담긴 먹음직스러운 통 삼겹살이 턱 하니 나타날 거예요.

삼겹살 파피요트

READY

삼겹살 500g, 감자 1개, 대파 흰 부분 삼겹살 길이만큼 2뿌리, 셀러리 삼겹살 길이만큼 1대, 샐러리 잎 2스푼(생략 가능), 마늘 2톨, 굴소스 1스푼, 방울토마토 2개, 레드와인 2스푼, 설탕 0.5스푼, 소금, 후추, 삼겹살의 5배 크기 종이 포일 2장

MAKE IT

1. 감자는 4조각으로 나누고
2. 30분 이상 상온에 둔 삼겹살에 소금과 후추로 밑간을 하고
3. 굴소스, 레드와인, 설탕을 섞어 삼겹살에 바르고
4. 종이 포일 가운데에 대파와 셀러리, 삼겹살, 셀러리 잎 순으로 얹고
5. 옆에 감자와 방울토마토, 마늘을 놓은 뒤 종이 포일 1장을 덮어 양 옆을 단단히 봉하고
6. **집에서는** 200℃ 오븐에서 45분간 굽고
6. **바비큐나 캠핑장에서는** 은박지에 한 번 더 감싸 그릴에 넣어 30분간 두고
7. 꼬챙이로 삼겹살을 찔렀을 때 핏물이 흘러나오지 않으면 소스를 덧발라서 마무리.

사과 콤포트

READY   사과 0.5개, 계피 한 꼬집, 설탕 2스푼, 레몬즙 0.5스푼, 버터 1스푼, 화이트 와인, 소금 한 꼬집

MAKE IT
1. 사과를 0.5밀리미터 간격으로 잘게 썰고
2. 프라이팬에 버터와 사과를 넣고 볶다가
3. 설탕을 뿌려 섞으며 볶고
4. 설탕이 녹으면 화이트 와인을 넣어 볶다가
5. 점성이 생기면 소금을 넣고 끝.

대파구이

우리는 매일 새로운 인연을 맺어요. 새로운 동료를 만나기도 하고, SNS에서 모르는 사람이 쓴 글을 우연히 읽게 되기도 하고, 단골 식당의 종업원이 처음 보는 사람으로 바뀌기도 하죠. 대부분 일순간에 스쳐 지나가버리기에 우리는 금세 그 사람을 기억에서 지워요.

그렇게 나와 인연을 맺은 중에서 내가 힘들고 지칠 때 떠올리는 사람은 실제 몇이나 될까요? 많은 사람이 이 질문에 한 명도 없다고 대답했다고 해요. 친한 사이라고 소개하는 사람들이 많지만 그중에서 정말 나를 잘 알고 서로에게 의지가 되어주는 사람이 없다고 느끼는 거죠. 그런 의미에서 내 사람이라고 부를 수 있는 이가 있다는 건 정말 감사하고 행복한 일인 것 같아요. 나한테 도움을 주니까 좋은 게 아니라, 그저 나라는 사람을 좋아해주고 함께 보내온 시간이 고마운 그런 사람 말이에요.

그런 의미에서 제게 참 고마운 사람들이 있어요. 저는 그들을 DYF팀이라고 부른답니다.

바비큐 메뉴가 걱정된다고요?

그럴 때는 손쉽게 고소함과 달콤함이 돋보이는

멋진 대파구이 한 접시를 추천해요!

DYF팀은 'Design Your Future 2011'이라는 제목으로 강연 파티를 주관했던 희망 프로젝트 운영임원 모임이에요. 그중에서도 친한 우리 네 사람이 자주 얼굴을 보며 자칭 DYF팀이라고 부르고는 하고요. 서너 살씩 나이 차가 나고 리더십 강한 네 사람이 모였지만 지난 여섯 해 동안 어긋남 한 번 없이 서로에게 위로가 되어주었어요. 특히 다들 저를 통해서 처음 만났기 때문인지 유독 제 일에 말없이 발 벗고 나서주는 언제나 고마운 사람들이랍니다.

이렇게 가까운 우리이지만 평소에는 각자 다른 분야에서 활동하고 있기 때문에 약속 시간 맞추기가 정말 어려워요. 특히 나들이나 여행처럼 놀자고 만날 때마다 늘 일정이 어긋나서 취소되고는 하지요. 하지만 DYF팀 중 두 사람이 아일랜드와 제주도로 적을 옮기게 되어 볼 수 있을 때 무리해서라도 자주 만나자는 약속이 되었답니다. 야외 테라스에서 바비큐 파티도 하고요.

대파구이는 바비큐 파티를 위해 제가 준비한 음식 중 하나예요. 바비큐를 먹기 전에 입맛을 돋울 전채 요리로 준비했지요. 스페인에서 즐겨먹는 칼솟타다Calçotada 로 알려진 대파구이는 보통 토마토와 훈제 파프리카로 만드는 로메스코Romesco 소스와 함께 먹지만, 이번에는 좀 더 고소한 견과류 크림소스를 곁들여 소개해드리려고 해요. 노릇노릇 익힌 대파의 부드러운 속살에 고소한 소스를 얹어 먹으면 대파라는 사실이 믿기지 않을 정도로 고급스러운 단맛이 느껴진답니다. 소스에는 머스터드를 더해서 느끼하지 않게 견과류의 고소함을 즐길 수 있을 거예요.

바비큐 메뉴가 걱정된다고요? 그럴 때는 손쉽게 고소함과 달콤함이 돋보이는 멋진 대파구이 한 접시 어때요?

READY

대파 흰 부분부터 줄기까지 4뿌리, 올리브유 2스푼, 소금 0.3스푼, 후추 0.3스푼
소스 재료 호두 0.3컵, 생크림 0.5컵, 설탕 2/3스푼, 디종 머스터드 0.3스푼

MAKE IT

1. 소스는 믹서기로 갈아두고
2. 대파는 반으로 잘라 올리브 오일, 소금, 후추를 고루 바르고
3. **집에서는** 직화로 겉면이 검게 탈 정도로 중불에서 구우면서
4. 중약불의 프라이팬에서 대파가 살짝 물러질 정도로 노릇하게 굽고
3. **바비큐나 캠핑장에서는** 그릴 위에서 겉면이 검게 탈 정도로 굽고
4. 대파 겉면을 벗기고 소스를 곁들여 먹어요.

TIPS

❖ 프라이팬으로 구울 때는 대파 겉면을 벗기지 않아도 괜찮아요.

탄두리 플레이트

2007년 7월, 열여덟 번째 생일은 무섭게 내리쬐는 콜카타의 뜨거운 햇살 아래에서 지나갔어요. 봉사활동으로 만난 지 일주일 겨우 지난 팀원들이 준비해준 깜짝 생일 파티 덕분에 타국이지만 외롭지 않은 생일이었어요. 커리 향이 나는 하트 모양의 버터 크림 케이크는 지금 생각해도 신기하고요.

언제 들어도 반가운 이름 인도. 그중에서도 콜카타를 가게 되었던 건 인터넷에서 본 사진 한 장 때문이었어요.

2007년 2월 어느 날, 한 포털 사이트 메인 화면이 제 시야를 사로잡았어요. 인도의 밤하늘을 찍은 사진이 있었거든요. 그 사진이 너무 예뻐 그 사진을 찍은 사용자의 다른 사진을 연이어 넘겨 보았는데, 그중에 제 눈길을 붙잡아두던 사진이 하나 있었어요. 사진에는 길거리에서 잠들어 있는 어린 아이와 침을 흘리며 아이와 뒤엉켜 잠든 여러 마리의 개가 담겨 있었지요. 인도나 파키스탄 여행 경험이 있는 사람이라면 그러려니 할 모습이지만, 해외라고는 당시 유학 온 미국이 전부였던 저에게는 꽤나 충격적인 장면이었습니다.

오래된 기억이지만, 아마 면역력이 약한 어린 아이가 광견병 위험이 있는 길거리 개와 함께 생활해야 할 정도로 콜카타라는 곳은 가난한 걸까, 내가 할 수 있는 일은 없을까, 라는 생각이 들었던 것 같아요.

한창 기대하고 있었던 한국에서 보낼 두 달간의 첫 여름방학은 그 사진 때문에 무산되었어요. 그리고 콜카타에서의 한 달 반은 제 삶에 큰 변화를 주었지요.

내가 당연하다고 여겨왔던 많은 것들이 모두에게 통용되지는 않는다는 걸 알게 된 시간이었어요. 당장 콜카타로 떠나기 하루 전만 해도 그랬어요. 뉴델리에 있었는데, 마지막 만찬이라며 욕심을 내어 사람 수의 몇 배가 되는 음식을 시켰어요. 탄두리 플레이트에 각종 난, 커리 등이 식탁을 가득 채웠죠. 하지만 그중에서 제대로 비운 접시는 거의 없었지요. 어차피 계산할 거니까 남겨도 괜찮다고 생각했거든요. 콜카타에 왔을 때, 빵한 조각이 간절한 아이들을 만나며 부끄러워졌어요. 매일 당연하게 향유하던 음식이, 더는 당연하지 않은 순간이었죠.

집에서보다는 야외 바비큐로 더 어울리는 탄두리 플레이트는 양념만 준비해가면 손쉽게 만들 수 있는 메뉴랍니다.

이국적인 향과 시큼 짭조름한 탄두리 양념은 새우, 닭고기, 오징어까지 다양한 재료와 어울리지요. 거기에 시원한 맥주 한 잔을 더하면 묵혔던 피로가 풀리는 느낌이에요.

탄두리 냄새를 맡으니 콜카타를 나서며 십 년 뒤인 스물여덟의 여름에 꼭 다시 오자고 다짐했던 기억이 떠올라요. 매일 아침, 차 지붕이며 창문에 사람들이 대롱대롱 달려 있던 만원 기차에 이십 여 분간 몸을 싣고 마을에 도착하면 저 멀리서부터 달려와 반겨주던 아이들. 처음 보는 맑은 생수에 놀라 자신에게 독을 먹이려 한다며 소리지르던 어린 학생 아슈비할달. 꼬마 팀장 때문에 한 달 내내 고생했던 고마운 팀원들. 그리고 낡은 기찻길 위를 거닐며 더위를 달랠 음료 내기 가위바위보를 하던 우리들이 눈에 아른거려요.

어떤 음식 냄새는 기억을 통째로 되살려줘요.

탄두리 플레이트는 열여덟 살이던

저를 만나게 해주는 소중한 음식이에요.

그 기억을 나누고 싶어서 준비해보았어요.

READY

새우 6마리 또는 오징어 2마리 또는 닭 절단육 0.5마리
소스 재료 레몬즙 1스푼, 카레가루 4스푼, 파프리카가루 4스푼(또는 고춧가루),
다진 마늘 4스푼, 플레인 요거트 4스푼, 파슬리가루 0.5스푼, 소금 0.25스푼

MAKE IT

1. 모든 소스 재료를 볼에 넣고 잘 섞고
2. 새우, 오징어, 닭고기 등 주재료에 골고루 발라 30분 이상 재어두고
3. **바비큐나 캠핑장에서는** 그릴에 식용유를 골고루 바른 후, 달구어진 그릴
   위에 재료를 얹어 뒤집어가며 굽고
3. **집에서는** 식용유 3스푼을 두른 프라이팬에 재료를 넣고 굽고
4. 완성된 탄두리 요리는 접시에 옮겨 담고, 종지에 플레인 요거트를 담아
   준비하면 끝.

TIPS

❖ 야외에서 요리할 때는 미리 집에서 소스에 재어둔 재료를 밀폐용기나 비닐백에 담아
  오면 바로 조리할 수 있어요.

차가운 호박 샐러드

「호박꽃」이라는 동요 기억하시나요? "호박꽃도 꽃이라고 날 보고 놀리는데"라는 노랫말과 율동이 포인트였어요. 그 노래 때문에 어릴 때는 호박이 싫었어요. 편식을 했던 건 아니지만, 호박을 먹으면 못생겨질 것만 같았거든요.

그랬던 호박의 진가를 알아본 건 부모님의 결혼기념일에 갔던 한 이탈리안 레스토랑 때문이었어요. 당시 아버지의 건강이 걱정되어 대학교를 입학과 동시에 휴학하고 있었는데, 그 덕분에 몇 년 만에 부모님의 결혼기념일을 함께 보낼 수 있었어요. 그래서 큰맘 먹고 영어 과외로 번 돈과 생활비를 아껴 모았던 용돈으로 두 분을 위하여 어느 호텔 꼭대기 층의 이탈리안 레스토랑을 예약해두었지요. 사전에 꼼꼼하게 코스 주문과 테이블 위치 확인은 물론, 결제도 미리 마쳐두어 부모님께서 아무런 손을 쓸 수 없도록 만반의 준비를 했답니다.

하지만 기념일 당일, 식당 예약을 해두었다는 제 말에 부모님은 저와 동생에게 함께 가자고 하지 뭐예요. 눈치 없는 동생은 제 신호를 읽지 못한 건지 흔쾌히 좋다고 부모님을 따라 나섰고요. 결국 식사 내내 예산 걱정을 하느라 어찌나 진땀을 흘렸는지 몰라요. 나중에 알고 보니 부모님은 당연히 당신들께서 계산할 거라고 생각했대요.

코스는 야채부터 해산물, 가금류까지 다양한 재료를 사용한 애피타이저로 시작되었어요. 하얀 도화지 위 한 폭의 그림처럼 색색의 재료가 보석처럼 세공된 섬세한 요리들이었지요. 네댓 접시의 애피타이저가 끝나자 메인 요리가 나왔어요. 제가 시킨 요리는 평범한 한우 스테이크였는데, 가니쉬로 구운 주키니 호박 샐러드와 매시트 포테이토가 함께 나왔어요.

스테이크 가니쉬로 두툼하게 잘라 구운 주키니 정도는 양식당에서 먹어보았지만, 여러 종류의 주키니를 구워 따로 드레싱을 한 웜샐러드Warm Salad, 따뜻하게 먹는 전채를 먹어보는 건 처음이었기 때문에 조금 의아했던 것 같아요. 일단 호박만으로도 샐러드를 만들 수 있다는 점도 인상 깊었고요.

상큼한 드레싱을 끼얹은 주키니 샐러드는 산뜻했던 걸로 기억해요. 거창한 맛이 난다기 보다는, 앞으로 호박은 이렇게 만들어 먹으면 되겠구나 하고 배웠던 자리이기도 해요. 이때가 호박의 진가를 발견한 첫 경험이었어요.

이제 호박은 제 식탁에 꽤 자주 오르는 재료 중 하나랍니다. 한식에도 두루 쓰이지만, 유럽 음식에서 특히 많이 사용되기 때문에 냉장고에 없으면 걱정이 되는 재료가 되었지요.

그래서 이번에는 구운 주키니 샐러드를 만들 거냐고요? 아니요. 주키니를 구워서 만드는 웜샐러드도 맛있지만, 이번에 조금 더 특이한 호박 샐러드를 소개하려고 해요. 불 없이도 간단히 만들 수 있는, 바로 차가운 호박 샐러드랍니다.

차가운 호박 샐러드는 애호박을 필러로 얇게 썰어낸 후 드레싱과 치즈, 견과류에 버무려 먹는 샐러드예요. 애호박을 익히지 않고 먹는다는 게 조금 낯설 수는 있지만, 풋내 없이 아삭하고 상큼하게 입맛을 돋워준답니다. 그래서 자칫 느끼할 수 있는 묵직한 바비큐에 곁들이기 좋지요.

특히 요즘 미국에서는 채소를 주로 사용하는 레스토랑이 늘어가면서 익히지 않은 주키니나 생오이즙으로 전채 요리를 만드는 곳이 여럿 보이더라고요. 불을 사용하지 않아도 되기 때문에 간단하게 한 끼를 먹고 싶을 때나 손님상에 준비하기에도 좋겠다 싶어 이렇게 소개해요.

늘 먹는 샐러드가 지겹거나 고기에 곁들일 겉절이가 필요한가요? 그럼 리본처럼 접시 위에서 하늘거리는 차가운 호박 샐러드로 조금 색다른 한 상을 준비해보세요. 아삭한 청량함과 치즈의 고소함이 어울리는 호박의 진가를 만날 수 있답니다!

READY

애호박 0.5개, 호두 또는 견과류 0.3컵, 파르미지아노 레지아노 또는 그라파다노 등 하드 계열 치즈, 리코타 치즈 0.5컵(생략 가능), 바질 또는 파슬리 3장(생략 가능)

소스 재료 레몬즙 0.25컵, 올리브유 0.25컵, 소금 한 꼬집, 후추 한 꼬집

MAKE IT

1. 소스 재료를 한데 섞고
2. 애호박은 필러로 세로로 얇게 깎고
3. 드레싱에 버무려서
4. 그릇에 담아 그 위에 리코타 치즈를 듬성듬성 놓은 후
5. 바질과 호두, 파르미지아노를 얇게 깎아서 올리면 끝.

TIPS

❖ 애호박 대신 주키니나 노랑 주키니를 사용해도 달고 맛있어요. 여러 명이 함께 먹을 양을 만든다면 두세 종류를 섞어 사용하세요. 색감이 좀 더 화려해지겠지요?
❖ 리코타 치즈를 생략할 때는 파르미지아노의 양을 1스푼 정도 늘려주세요.
❖ 시간이 지날수록 더 맛있어요.

바나나 포스터

게일스버그에서의 학부 시절, 가장 즐겨갔던 식당 이야기 기억하시나요? 네, 그 랜드마크요! 크레페와 여러 가지 전통 프랑스 요리를 먹을 수 있는 식당이라고 소개해드렸던 것 기억나지요? 만약 랜드마크 외에 따로 기억에 남는 식당이 있냐고 누군가 묻는다면, 랜드마크 옆에 위치한 체즈윌리스를 꼽을 거예요.

이곳은 프렌치를 기본으로 한 작은 미국 음식점이에요. 문이 열려 있을 때가 드물었고요. 그래서 늘 그 앞을 지나다니며 호기심을 한참 키웠더랍니다. 그러다가 하루는 하우스 메이트와 은행을 다녀오던 중 그 앞을 지나는데 식당 문이 열려 있는 걸 보았어요! 어찌나 반갑던지. 오늘이 아니면 다시는 못 갈 것 같다는 생각에 둘이서 이른 저녁을 청했어요.

체즈윌리스는 연로한 셰프와 그의 아내가 운영하는 아기자기한 식당이었어요. 메뉴는 다른 비스트로와 별 차이가 없었던지 사실 잘 기억이 나질 않아요. 그런데 딱 한 가지, 우리 테이블 앞으로 웨이트리스가 큰 카트를 끌고 와 불 쇼와 함께 노련

하게 만들어주던 바나나 포스터Banana Foster 만큼은 매우 강하게 기억에 남아 있어요.

카트 위의 버너에서 시럽과 바나나를 굽다가 손님이 직접 플람베를 해볼 수 있도록 럼주를 건네주는 소소한 재미가 있었답니다.

바나나 포스터는 바나나를 럼과 흑설탕, 리큐어에 살짝 볶은 후 바닐라 아이스크림을 곁들이는 미국 루이지애나의 인기 디저트예요. 바나나 플람베Banana Flamb 라고 불려요. 캐러멜 향이 살짝 스민 달짝지근한 바나나와 시원하고 부드러운 바닐라 아이스크림의 조화가 상당히 매력적이랍니다.

바나나 리큐어가 없어도, 요리 초보라도 불, 그릇, 바나나, 버터, 설탕, 바닐라 아이스크림, 거기에 약간의 매력을 더해줄 시나몬가루만 있으면 어디에서든 금방 만들 수 있기 때문에 캠핑이나 야외에서 해 먹기 좋은 디저트예요. 바나나만 반으로 갈라주면 딱히 칼을 쓸 일도 없고 말이에요.

게다가 불쇼라니, 멋지지 않나요? 함께 놀러 갔는데 남자친구가 이 바나나 포스터를 만들어 제 앞에 놓아준다면 저는 반할 것 같아요.

간단하게 영웅이 될 수 있는 달달한 바나나 포스터 한 접시로 이성의 마음을 확 사로잡아보는 건 어떨까요? 아참, 플람베는 바나나 포스터의 맛에 큰 영향을 미치는 게 아니니 너무 부담 가지지 않아도 되어요!

READY

바나나 1개, 바닐라 아이스크림 1스쿱, 흑설탕 2스푼, 버터 2스푼, 시나몬가루 한 꼬집, 럼 1스푼

MAKE IT

1. 바나나는 세로로 길게 썰고
2. 프라이팬에 버터와 설탕을 넣고 약불에서 설탕을 녹이다가
3. 바나나를 넣고
4. 럼주를 넣고 프라이팬을 살짝 기울여 불을 붙이고
5. 소스가 되직해지기 시작하면 시나몬가루를 섞고
6. 접시에 옮긴 바나나 위에 아이스크림을 얹고
7. 기호에 따라 애플 민트와 시나몬가루를 뿌려주면 끝.

TIPS

❖ 설탕을 녹일 때는 설탕을 젓지 말고 약불에서 서서히 녹여요.
❖ 전자레인지로 조리한다면 플람베는 생략해도 괜찮아요.

밖에서도 유용하게 쓰이는 재료들

요즘은 캠핑족이 아니더라도 야외 바비큐를 즐기는 사람들이 많은 것 같아요. 바비큐의 마력은 대단해요. 장소의 정취, 그날의 분위기, 계절 등을 온전히 느낄 수 있는 식사거든요. 그리고 무엇보다 맑은 자연을 벗하는 경우가 많아 무엇을 먹어도 맛이 더 증폭되는 것 같아요. 이번 장에서는 이렇게 집 밖에서 요리하는 날 유용한 재료 몇 가지를 소개할게요.

양념   01

소금, 후추, 설탕, 간장, 고춧가루는 챙겨가면 꼭 쓰는 기본 양념이에요. 간장이야 요즘 슈퍼에서 적은 용량을 쉽게 구할 수 있지만, 가루는 아주 조금만 필요할 때가 많죠. 그럴 때는 비닐장갑을 활용해보세요. 비닐장갑 손가락에 필요한 가루 양념을 담고 묶어주면 준비 끝!

포일   02

양은냄비나 철재 프라이팬을 준비해 갈 수 있다면 좋겠지만, 최대한 가볍게 가고 싶을 때는 포일을 준비해보세요. 고기나 감자를 구워 먹을 때 유용해요. 삼겹살 파피요트를 만들어 먹을 수도 있답니다. 포일을 여러 겹 겹쳐 오목하게 만들면 물을 끓일 수 있을 정도로 튼튼해요. 다만, 건강 때문에 알루미늄 포일 사용이 꺼려진다면 안쪽에 종이 호일을 더해서 사용하길 권해요!

베이컨   03

보통 바비큐 외에 한두 가지 다른 음식을 준비할 때 가장 신경 쓰이는 점은 간 맞추기일 거예요. 사람마다 입맛이 다르기 때문에 아무래도 라면 스프를 슬금슬금 꺼내들게 되는 것 같아요. 하지만 모든 음식에 라면 스프를 뿌릴 수는 없죠! 그럴 땐 베이컨을 잘게 썰어 넣어보세요. 더 깊은 맛이 나고, 짭조름하면서도 고소한 향이 돌아 신경 쓰였던 맛을 잠재워줄 거예요.

파마산 치즈   04

베이컨과 비슷한 역할을 하는 파마산 치즈! 식사 직전에 각자 기호껏 뿌려 간을 맞출 수 있어요. 특히 요즘은 가루 형태로 작은 통에 담겨 판매되니 저렴하게 구할 수 있답니다.

“나만의 요리를 기록해보세요.”

"나만의 요리를 기록해보세요."

당신만을 위한
식탁이 풍성해지기를 바라며

이 한 권에 평범한 매일의 이야기를 담고, 그 속에 저만의 레시피를 엮으며 참 행복했습니다.

제가 요리를 주제로 책을 쓰게 될 거라고는 상상하지 못했어요. 제게 요리란 그저 당연한 일상이자 소소한 즐거움이며, 오랜 취미이니까요. 그래서 더욱 서툴렀고, 그만큼 책 안에서 더 솔직하지 않았나 싶어요. 이제 이 책의 마지막 장을 마무리하며, 그동안 옆에서 응원하고 또 함께 고생해주었던 분들께 이 자리를 빌어 고마움을 전합니다.

『혼자 밥 먹고 싶은 날엔』을 만나게 해준 살림출판사의 기획부 선우지운 부장님과 구민준 편집자님, 세월이 흐를수록 더 아름다워지는 인연 최현석 셰프님, 일상에 유쾌함을 선물해주는 비타민 데니스 홍 교수님, 오랜 시간 함께 고생해온 우리 넥쏘 식구, 실명과 익명으로 이야기에 등장한 소중한 내 사람들, 늘 응원해주는 세바시 구범준 피디님, 언제나 힘이 되는 YEF와 배양숙 이사장님 고맙습니다.

아름다운 우리 그릇을 선뜻 협찬해주신 광주요 그룹과 사진 촬영을
위해 장소를 빌려준 청춘부엌, 그리고 지난 구 년 내내 제 레시피를
탐냈던 사랑하는 발브와 데이빗. 정말 고맙습니다.
무엇보다도, 언제나 제 결정을 믿고 응원해주는 부모님과 동생 지원
에게 큰 사랑과 가슴 깊은 고마움을 전합니다.
『혼자 밥 먹고 싶은 날엔』과 함께하는 독자 여러분의 식탁이 늘 따뜻
하고 풍성하길 소망합니다.

정예솔 드림

혼자 밥 먹고 싶은 날엔

펴낸날	**초판 1쇄**	**2016년 12월 14일**

지은이	**정예솔**
펴낸이	**심만수**
펴낸곳	**(주)살림출판사**
출판등록	**1989년 11월 1일 제9-210호**

주소	**경기도 파주시 광인사길 30**
전화	**031-955-1350**　　팩스　**031-624-1356**
홈페이지	**http://www.sallimbooks.com**
이메일	**book@sallimbooks.com**

ISBN	978-89-522-3562-6　13590

※ 값은 뒤표지에 있습니다.
※ 잘못 만들어진 책은 구입하신 서점에서 바꾸어 드립니다.

이 도서의 국립중앙도서관 출판예정도서목록(CIP)은 서지정보유통지원시스템 홈페이지
(http://seoji.nl.go.kr)와 국가자료종합목록시스템(http://www.nl.go.kr/kolisnet)에서
이용하실 수 있습니다.(CIP제어번호: CIP2016028515)

책임편집 · 교정교열	**구민준**